기초 토양조사 매뉴얼

농촌진흥청
국립농업과학원

Jinhan M&B

목 차

1. 토양 형태 ······ 1
1) 층위 ······ 1
2) 경계 ······ 9
3) 토성 ······ 11
4) 토색 ······ 15
5) 구조 ······ 17
6) 견지성 ······ 20
7) 산화환원특징 ······ 21
8) 뿌리 ······ 27
9) 공극 ······ 28

2. 토양 층위 특성 ······ 30
1) 수리전도도 ······ 30
2) 유효토심 ······ 31
3) 유효수분보유력 ······ 31
4) 토양습윤등급 ······ 33

3. 토양 위치 ······ 34
1) 지형 ······ 34
2) 모재 ······ 35
3) 경사 ······ 36
4) 침식 ······ 36

4. 토양 분류 ········· 38
1) 토양목 ········· 39
2) 표층 ········· 45
3) 차표층 ········· 48
4) Diagnostic soil characteristics for mineral soils ········· 56

5. 토양 해설 ········· 63
1) 논토양 적성등급 ········· 63
2) 콩 토양적성도 ········· 64
3) 사과 토양적성도 ········· 65
4) 골프장 토양적성도 ········· 66
5) 탄소저장가능성 ········· 67

※ 참고사항 ········· 68

1. 토양 형태

1) 층위 (Horizon, Layer)

전체 층위의 기술은 숫자 접두어와 알파벳 대문자로 된 주 층위로 표현되며 알파벳 소문자의 경우 주 토층에 종속된 층위를 기술하고 각 기준에 해당되는 숫자 표현으로 다시 세분화됨.

주 - 접두

일반 토양에서, 아라비아 숫자는 토양이 한 종류의 물질에서 생성되지 않았음을 나타내기 위한 접두사로서, 이를 암석학적 불연속 (lithologic discontinuity)이라 칭함. 필요한 곳에서는 부호는 주 또는 전이층의 앞에 옴. 불연속은 층위가 다른 모재로부터 왔다는 것은 토양의 입경 분포와 광물에서 오는 유의성 있는 변화에 의한 것으로 알려져 있음. 충적층에서 형성된 토양에서 일반적인 층화현상은 비록 토양생성학적 층위가 대조되는 층을 형성할지라도 입경분포가 층과 층 사이에 현저하게 다르지 않다면 불연속이라고 간주하지 않음.

불연속이 확인되면 접두어의 숫자는 표층 퇴적물 아래의 물질에서 시작하며, 불연속성의 아래의 물질에서 형성되는 층위에 접두사 '2'가 붙여짐 ('1'은 암묵적으로 실제로 표층 퇴적물에 표현되지 않음에 주의). 표층의 퇴적물 아래의 층위는 모재의 수적 제한은 없음. 어느 불연속층이 발견되었다면 접두사 '2'를, 세번째의 물질로 형성되었다면 접두사 '3'을 붙임. 예를 들면, Ap, E, Bt1, 2Bt2, 2Bt3, 3BC이 있음. 숫자 접미사는 Bt 층위에 이어지는 불연속층을 세분화하기 위한 숫자임. 불연속성의 접두사는 매몰층위 b의 물질을 구별하는데 사용되어지는 것이 아님. 예를 들면, A, Bw, C, Ab, Bwb1, Bwb2, C.

주 - 문자

문자열은 적절한 주 층위를 표시 (즉, A, E, B, C, 또는 R)하고 그 조합 (예로, AB, E/B, 기타 등등)으로 표현할 수도 있음. 모든 토심은 cm로 측정하며 3번째 층 중간에는 층위구분을 쉽게 할 수 있도록 못으로 마크를 해 두었음. 기술 할 단면에 R층이 존재하면 문자열에서 반드시 확인하여야 함.

층위의 명칭은 다음과 같다.

A층 (**A**) : 유기물이 조금 축적되어 있는 광물질 토층의 표층 또는 차표층으로 대개 아래층보다 검은색을 나타내며 점토 함량이 비슷하거나 적은 경향임.

E층 (**E**) : 표층에 가까운 광물질 층위로. 점토, 철, 알루미늄, 또는 그들의 결합물이 용탈된 특징(높은 명도와 낮은 채도)을 보이며 대체로 위의 A층과 아래의 B층보다 밝은 색을 나타냄.

B층 (**B**) : 점토, 철, 알루미늄, 유기물 또는 이들의 결합물 등의 축적된 광물질 토층으로 구조와 견지성이 위/아래의 층과 다르고 위/아래의 층보다 강한 색채를 가짐(높은 채도와 붉은 색상).

C층 (**C**) : 물리적으로 덜 결합되어 있는 토양물질로 부분적으로 풍화 되어 있으며 토양생성 과정에 영향을 덜 받은 토층.

R층 (**R**) : 단단한 기반암층.

전이층 (**AE, AB, AC, EA, EB, BA, BE, BC, CA, CB**) : 위층위과 아래층위 사이 양쪽의 성질을 모두 가진 층위. 그러나 앞에 지정된 문자가 더 많은 특성을 가짐.

전이층 (**A/B, A/E, A/C, E/A, E/B, B/A, B/E, B/C, C/A, C/B**) : 각층 각각의 구성물로 구성된 층. 앞에 지정된 문자의 층위가 우점.

Master Horizons and Layers

O horizons or layers

L horizons or layers

A horizons

E horizons

B horizons

C horizons or layers

R layers

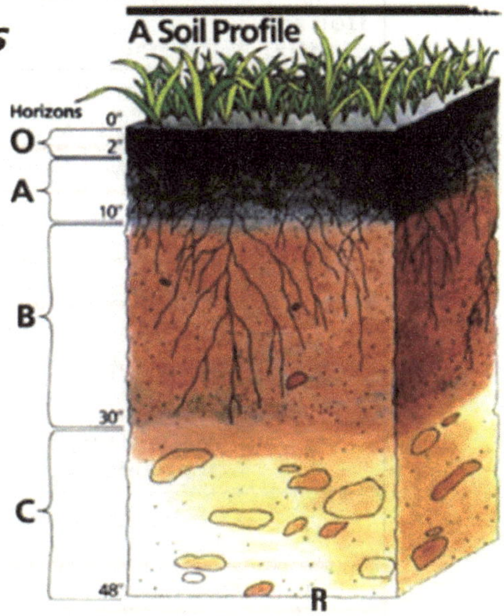

접미 – 하위 특징

구체적인 주 층위의 구분이 필요한 경우 소문자로 세부지정을 함. b (매몰층위), d (물리적 근권 제약), g (강한 글레이화), p (경작 또는 다른 교란), r (풍화 또는 부드러운 암반), t (규산염점토의 축적), w (색이나 구조의 발달), 그리고 x (fragipan 특성) 등등.

이것을 병용할 때에, 접미사는 적절한 순서에 따라 작성해야 함. 하위 구분의 일부 유형은 항상 B층을 따름. 전이층의 세부 구분은 층위가 B층으로부터 전이되었을 때는 사용하지 않음.

Horizon Suffix	Criteria [2] (expanded details listed in "Soil Taxonomy" section)
a	Highly decomposed organic matter (used only with O)
aa [3]	(proposed) Accumulation of anhydrite ($CaSO_4$)
b	Buried genetic horizon (not used with C horizons)
c	Concretions or nodules
co	Coprogenous earth (used only with L)
d	Densic layer (physically root restrictive)
di	Diatomaceous earth (used only with L)
e	Moderately decomposed organic matter (used only with O)
f	Permanently frozen soil or ice (permafrost); continuous subsurface ice; not seasonal ice
ff	Permanently frozen soil ("Dry" permafrost); no continuous ice; not seasonal ice
g	Strong gley
h	Illuvial organic matter accumulation
i	Slightly decomposed organic matter (used only with O)
j	Jarosite accumulation
jj	Evidence of cryoturbation
k	Pedogenic $CaCO_3$ accumulation ($<$50% by vol.)
kk	Major pedogenic $CaCO_3$ accumulation ($>$50% by vol.)
m	Continuous cementation (pedogenic)
ma	Marl (used only with L)
n	Pedogenic, exchangeable sodium accumulation
o	Residual sesquioxide accumulation (pedogenic)
p	Plow layer or other artificial disturbance
q	Secondary (pedogenic) silica accumulation
r	Weathered or soft bedrock
s	Illuvial sesquioxide and organic matter accumulation
se	Presence of sulfides (in mineral or organic horizons)
ss	Slickensides
t	Illuvial accumulation of silicate clay
u	Presence of human-manufactured materials (artifacts)
v	Plinthite
w	Weak color or structure within B (used only with B)
x	Fragipan characteristics
y	Accumulation of gypsum
yy	Dominance of gypsum ($\approx\geq$50% by vol.)
z	Pedogenic accumulation of salt more soluble than gypsum

번호 – 숫자 세분

같은 문자조합으로 되어진 층위가 세분될 필요가 있을 때 언제든 아라비아 숫자를 매겨 구분함.

예)
a. 층위가 Ap1, Ap2, BA, Bw, BC, C인 경우
b. 층위가 ^Ap1, ^Ap2, ^C1, ^C2, 2^C3인 경우

Horizonation(a)			
Master		Sub (2)	No. (2)
Prefix (2)	Letter (2)		
-	A	p	1
-	A	p	2
-	BA	-	-
-	B	w	-
-	BC	-	-
-	C	-	-

Horizonation(b)			
Master		Sub (2)	No. (2)
Prefix (2)	Letter (2)		
-	^A	p	1
-	^A	p	2
-	^C	-	1
-	^C	-	2
2	^C	-	3
-	-	-	-

※ 참고. Designations for Horizons and Layers

Conventions for Using Letter Suffixes

1. 대문자 뒤에 바로 접미어를 붙임
2. 3개 이상의 접미어는 거의 사용하지 않음
3. 하나 이상의 접미어 필요하고, 다음의 접미어를 사용해야 할 경우
   a, d, e, h, i, r, s, t, w를 먼저 씀
   단, Bhs나 Crt는 예외, 한 층 내에서 이 글자들을 혼합해 쓸 수 없음
4. 층위가 buried 상태가 아니고 하나 이상의 접미어를 쓸 경우
   c, f, g, m, v, x를 마지막에 씀 (Bjc, Bkkm)
   c, g는 마지막에 씀 (Btvg), f를 쓸 경우 또 마지막 (Cdgf)
5. 층위가 buried 상태일 때 접미어 b를 마지막에 붙임 (Oab)
6. h, s, w는 g, k, kk, n, o, q, y, yy, z와 같이 쓰지 않음
7. k, kk, q, y, yy처럼 위 규칙이 적용되지 않는다면 이들 접미어는 우선시 혹은 알파벳순으로 함께 표기 가능

※ B층이 점토집적 그리고 토색, 구조등의 발달 : Bt (t는 w, s, h에 우선)

※ B층이 gley → g, carbonates → k, kk, sodium → n, silica → q, gypsum → y, yy, gypsum보다 더 용해성인 salts → z, sesquioxides → o
집적된 점토가 존재하면 t가 다른 부호에 우선 (Bto)

Vertical Subdivision

- 층위를 세분하는데 있어 문자 뒤에 숫자를 붙임
  예) C1, C2, C3
  예) C1-C2-Cg1-Cg2 or C-Cg1-Cg2-R
- 같은 문자의 층위더라도 뒤의 문자가 바뀔 경우 다시 1로 시작함
  예) Bt1-Bt2-Btk1-Btk2 (O), Bt1-Bt2-Btk3-Btk4 (×)
- 연속 층위에서 discontinuity(토성 급변층)이 있더라도 두 물질이 같은 문자로 표기될 경우 숫자를 이어서 붙임
  예) Bs1-Bs2-2Bs3-2Bs4 (O), Bs1-Bs2-2Bs1-2Bs2 (×)
- 두터운 층위, 예를 들어 Bt층을 10cm 간격으로 나누어 4개 층으로 샘플링 하는 경우
  → Bt1, Bt2, Bt3, Bt4
- Bt2층 만을 10cm 간격으로 나누어 3개 층으로 샘플링하는 경우
  → Bt21, Bt22, Bt23

Discontinuities(토성 급변층)

- 층위(A, E, B, C, R)에 쓰인 문자 뒤에 쓰인 숫자는 vertical subdivision,
  문자 앞에 쓰이는 숫자는 discontinuity를 나타내며,
  후자의 경우, 토성의 변화나 광물학적 변화를 나타내기 위함
- 집적층의 경우 층 사이 토성의 변화가 현저하게 다르지 않은 경우,
  discontinuity로 보지 않음
- material 2층 하부가 material 1층과 비슷하더라도 이 층은 material 3층이 되며, 두개 이상의 연속 층위가 같은 종류의 물질을 형성하였다 해도 discontinuity를 나타내는 같은 숫자를 적용함
  예) Ap-E-Bt1-2Bt2-2Bt3-2BC
- 다른 층이 끼어 있다면 아래층에 그 다음 숫자를 이어 표기함
  예) A-C1-C2-2Bw1-2Bw2-2C1-2C2
- R층에서 발달된 같은 물질로 이루어진 층의 경우 숫자를 쓰지 않으나
  다른 물질이라고 판단될 경우 R층 앞에 숫자를 표기함
  예) A-Bt-C-2R or A-Bt-2R

- solum의 부분이 residuum에서 형성된 경우 적당한 숫자를 표기함
  - 예) Ap-Bt1-2Bt2-2Bt3-2C1-2C2-2R
- buried 층을 표시하기 위해 층위 앞에 숫자를 쓰지 않으며, buried 층의 물질과 위 층의 물질이 암석학적으로 다를 경우 숫자를 앞에 붙이고 b를 붙임으로써 구별함.
  - 예) Ap-Bt1-Bt2-BC-C-2ABb-2Btb1-2Btb2-2C

Use of the Prime Symbol

- 두 개 이상의 층위가 겹쳐지는 경우 그 특성을 나타내기 위해 prime symbol(')을 사용
  - 예) A-E-Bt-E-Btx-C → A-E-Bt-E'-Btx-C
- 알파벳과 접미사 중간에 ' 기호를 사용
  - 예) B't
- ' 기호는 문자와 숫자로 모든 층을 설명이 가능한 상태에서는 사용하지 않음.
  - 예) A-Bt1-Bt2-2E-2Bt1-2Bt2 : 두개의 층, 서로 숫자로 구별 가능
- A-C-2Bw-2Bc-2B'w-3Bc
  두 개의 특정층(2Bw)을 가지고 있어도 각기 서로 다른 두 층(2Bc, 3Bc)을 가지므로 아래층에 ' 기호를 붙임
- 드물지만 세 개의 층이 존재하는 경우 " 기호를 사용함
  - 예) E"
- ' 기호를 사용하는 경우 vertical subdivision은 고려하지 않고 따라서 층 앞에 숫자를 사용하지 않음
  - 예) A-E-Bt-E'-B't1-B't2-B't3-C
- 유기질 토양에도 같은 방법이 사용됨
  - 예) Oi-C-O'i-C' or Oi-C-Oe-C'

Use of the Caret Symbol

- Caret symbol(^)은 인위적인 영향에 의한 물질임을 표시하기 위함
- 인간의 활동에 의한 층위는 모두 ^ 기호를 붙임
  - 예) ^A-^C-Ab-Btb
- discontinuity가 존재함을 나타내기 위해 번호를 사용할 수 있음
  - 예) ^Au-^Bwu-^BCu-2^Cu1-2^Cu2
    ^A-^C1-2^C2-3Bwb

※ Sample Horizon and Layer Sequences

Mineral soils

Typic Hapludoll: A1-A2-Bw-BC-C
Typic Haplustoll: Ap-A-Bw-Bk-Bky1-Bky2-C
Cumulic Haploxeroll: Ap-A-Ab-C-2C-3C
Typic Argialboll: Ap-A-E-Bt1-Bt2-BC-C
Typic Argiaquoll: A-AB-BA-Btg-BCg-Cg
Alfic Udivitrand: Oi-A-Bw1-Bw2-2E/Bt-2Bt/E1-2Bt/E2-2Btx1-2Btx2
Entic Haplorthod: Oi-Oa-E-Bs1-Bs2-BC-C
Typic Haplorthod: Ap-E-Bhs-Bs-BC-C1-C2
Typic Fragiudalf: Oi-A-E-BE-Bt1-Bt2-B/E-Btx1-Btx2-C
Typic Haploxeralf: A1-A2-BAt-2Bt1-2Bt2-2Bt3-2BC-2C
Glossic Hapludalf: Ap-E-B/E-Bt1-Bt2-C
Typic Paleudult: A-E-Bt1-Bt2-B/E-B′t1-B′t2-B′t3
Typic Hapludult: Oi-A1-A2-BA-Bt1-Bt2-BC-C
Arenic Plinthic Paleudult: Ap-E-Bt-Btc-Btv1-Btv2-BC-C
Vertic Natrigypsid: A-Btn-Btkn-Bky-2By-2BCy-2Cr
Typic Calciargid: A-Bt-Btk1-Btk2-C
Typic Dystrudept: Ap-Bw1-Bw2-C-R
Typic Fragiudept: Ap-Bw-E-Bx1-Bx2-C
Typic Endoaquept: Ap-AB-Bg1-Bg2-BCg-Cg
Typic Haplustert: Ap-A-Bss-BCss-C
Typic Hapludox: Ap-A/B-Bo1-Bo2-Bo3-Bo4-Bo5
Typic Udifluvent: Ap-C-Ab-C′
Anthrodensic Ustorthent: ^Ap-^C/B-^Cd-2C
Anthroportic Udorthent: ^Ap-^Cu-Ab-Btb-C
Typic Aquiturbel: Oi-OA-Bjjg-Cjjg-Cjjgf

Organic soils

Typic Haplosaprist: Oap-Oa1-Oa2-Oa3-C
Typic Sphagnofibrist: Oi1-Oi2-Oi3-Oe
Limnic Haplofibrist: Oi-Lco-O′i1-O′i2-L′co-Oe-C
Lithic Cryofolist: Oi-Oa-R
Typic Hemistel: Oi-Oe-Oef

2) 경계 (Boundary)

(1) 하부경계

구덩이가 있는 위치에서 최대 6개의 층위가 기술될 것임. 마지막 층위를 제외한 각 층위의 하부경계로 미네랄 토양 표면으로부터의 깊이를 결정함. 토양표면 아래 23cm에서 37cm 사이에 위치하는 층위는 '37'을 입력함. 마지막 층위의 경계는 명시된 깊이를 더해야 함. 돌과 접속한 경우와 같이, 명시된 깊이의 경계가 매우 분명하지 않을 때 '+'는 적용되지 않음.

Lithic 또는 paralithic 접촉은 구덩이의 특정 깊이에서 나타남. 그 경계는 유효수분보유력, 유효토심, 그리고 수리전도도를 평가하는데 고려되어야 함. 그렇지 않으면, 마지막 층위는 모든 관련된 평가를 위해 150cm까지 연장함. 지정된 깊이 내에서 lithic 또는 paralithic 접촉이 발생할 경우, 그에 대한 설명이 포함되도록 고려하여야 하고, 그에 대한 적절한 층위의 명명이 필요함 (즉, Cr 또는 R).

8cm보다 얇은 층이 발생할 경우, 근접해 있는 층위 중에서 비슷한 층에 포함시킴 (예를 들어, 얇고 불연속적인 E층은 인접한 BE층에 포함). 두 층 또는 두 층 이상의 층이 8cm이상인 경우는, 항상 더 두꺼운 층의 성질을 기술함.

깊이 측정은 못으로부터 행해져야 함. 하부 경계의 허용된 범위는 경계의 명료성에 의해 조정될 것임.

경계의 명료성			유효 범위
확연	Abrupt	(< 2 cm)	± 1 cm
명확	Clear	(2~5 cm)	± 3 cm
점변	Gradual	(5~15 cm)	± 8 cm
불명확	Diffuse	(> 15 cm)	± 15 cm

(2) 명료도

각 층위의 하부 경계의 구별은 아래의 표를 참조하여 평가됨. 마지막 층위의 하부 경계는 돌과의 접촉이 없는 한 구별되지 않음.

층위전이의 수직높이	명료도	기록하는 값
< 2 cm	확연 Abrupt	**A**
2~5 cm	명확 Clear	**C**
5~15 cm	점변 Gradual	**G**
> 15 cm	불명확 Diffuse	**D**

(3) 형상

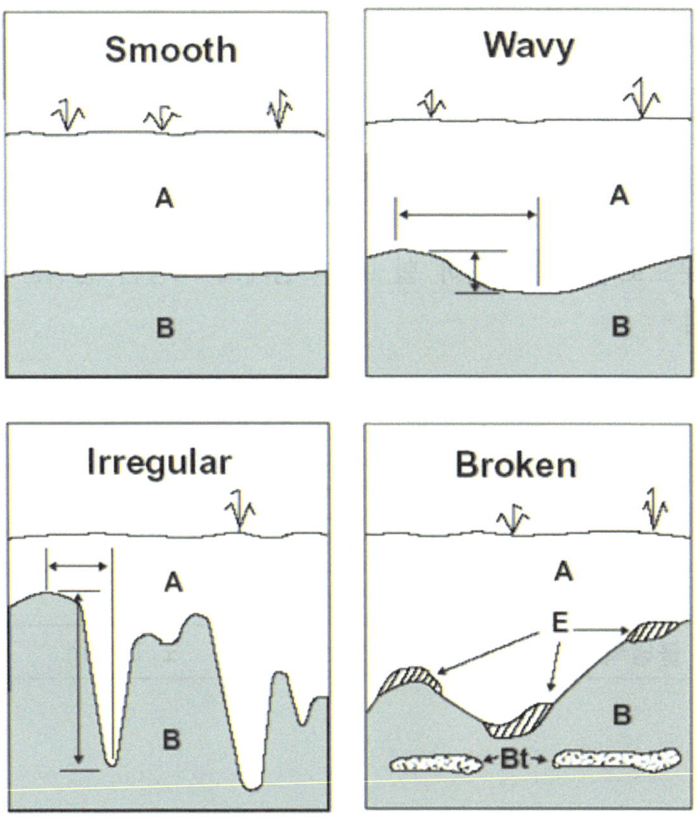

3) 토성 (Soil texture)

(1) 점토 (%)

각 층위의 미세 토양의 점토함량 추정치 (w, %)를 기록되어야 함. 실험데이터로부터 얻어진 답과 정답에 대한 조정범위는 다음 표와 같음.

점토함량 (%)	유효 범위
< 18	± 2
18~35	± 3
> 35	± 4

(2) 등급

토성의 측정은 12주요 등급을 포함하는 USDA 토성 분류를 따름. 허용되는 토성의 약자는 다음과 같음.

토성 등급	약어
사토 Sand	S
양질사토 Loamy sand	LS
사양토 Sandy loam	SL
양토 Loam	L
미사질양토 Silt loam	SiL
미사토 Silt	Si

토성 등급	약어
사질식양토 Sandy clay loam	SCL
식양토 Clay loam	CL
미사질식양토 Silty clay loam	SiCL
사질식토 Sandy clay	SC
미사질식토 Silty clay	SiC
식토 Clay	C

토성의 촉감 감별 요령

- 사토 (Sand: S) : 손에 흙이 묻지 않고, 건토시 손가락 사이로 쉽게 빠짐
- 양질사토 (Loamy sand: LS) : 반습시 겨우 덩이지나 아주 쉽게 부셔지고 손에 미사와 세사 등이 약간 묻음
- 사양토 (Sandy loam: SL) : 반습때 부비면 까칠까칠한 모래를 느낌. 뭉쳐지나 잘 부셔지며, 엄지와 인지로 눌러도 지문을 볼 수 없고 토봉이 안됨
- 사질식양토 (Sandy clay loam: SCL) : 모래끼가 많으나 점착성도 있음. 3~5cm 정도의 토봉이 만들어짐. 지문은 볼 수 없음

- 사질식토 (Sandy clay: SC) : 모래끼가 약간 있고 점착성이 큼. 5~8cm의 토봉이 만들어 짐. 확실한 지문을 볼 수 있음.
- 양토 (Loam: L) : 부비면 모래끼를 느끼나 덩이가 잘 부셔지지 않고 지문이 약간 생김. 토봉이 만들어지나 쉽게 파괴 됨. 누르면 용적감소가 큼
- 미사질양토 (Silt loam: SiL) : 모래끼 없이 밀가루나 세멘트가루 만지는 기분이며 습할때도 점착성이 없음. 토봉은 만들어지나 양토보다 더 잘 부셔짐.
- 식양토 (Clay loam: CL) : 모래끼가 있고 점착성과 가소성이 있음. 확실한 지문을 볼수 있고, 3~6cm 토봉이 됨. 손가락에 많이 달라붙고 저항성이 있음.
- 미사질식양토 (Silty clay loam: SiCL) : 모래끼는 거의 없고 점착성이 큼. 토봉이 비교적 잘 만들어짐
- 미사질식토 (Silty clay: SiC) : 점착성이 매우 큼. 마르면 손가락 끝에 팔고물 같은 미사를 볼 수 있음. 토봉이 잘 만들어짐.
- 식토 (Clay: C) : 점착성이 매우 큼. 만질 때 저항성을 많이 느끼고 미끄러움. 6~10cm로 가늘고 긴 토봉이 만들어 짐.

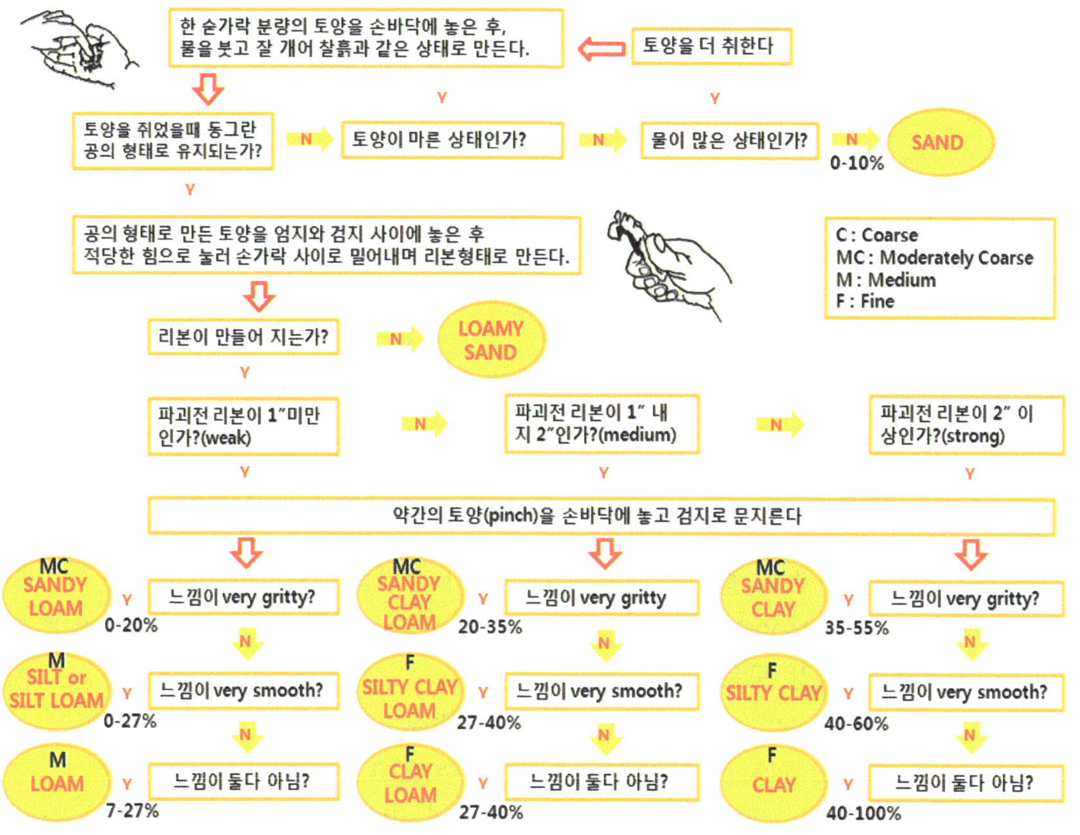

그림 1. 촉감을 이용한 토성 감별법

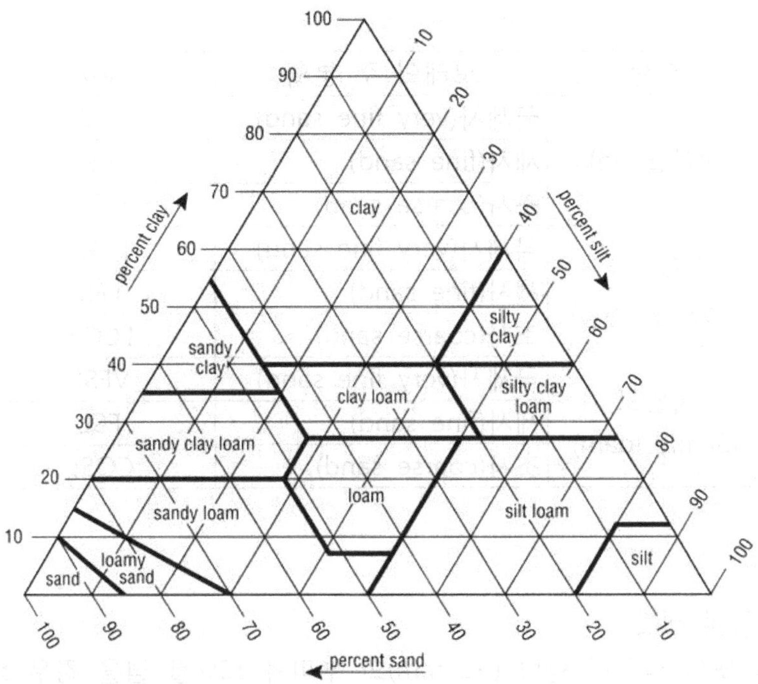

그림 2. 토성 삼각도표

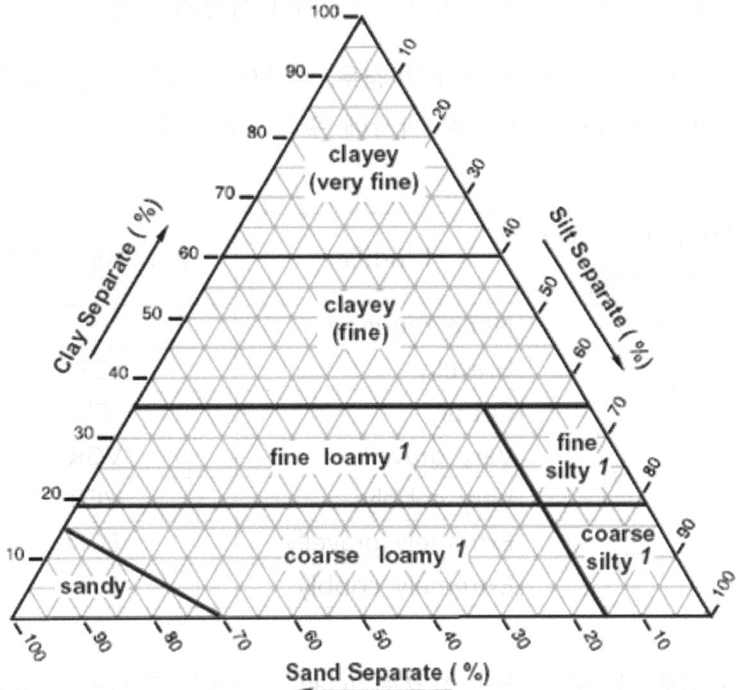

그림 3. 토성(속) 삼각도표

모래의 세분

토성	모래의 주 분획	약어
모래(Sand)	극세사(very fine sand)	VFS
	세사(fine sand)	FS
	조사(coarse sand)	COS
양질사토 (Loamy sand)	극세사(very fine sand)	LVFS
	세사(fine sand)	LFS
	조사(coarse sand)	LCOS
사양토 (Sandy loam)	극세사(very fine sand)	VFSL
	세사(fine sand)	FSL
	조사(coarse sand)	COSL

2mm 이상 입자의 세분

층위에 자갈 또는 석력의 함량 (>2 mm)의 부피가 15%를 넘을 경우 토성 등급 수정은 필요함. 아래 용어는 2mm 이상 입자를 설명하기 위해 사용될 것임.

Gravelly – 어떤 암석 기원이나 형상 모두 2~75 mm 직경의 암편
Cobbly – 어떤 암석 기원이나 형상 모두 >75 mm 직경의 암편 (장축 기준)

Gravelly과 Cobbly이 같은 층에 존재할 경우, 우세한 비율이 서술되어야 함. 다음과 같은 Coarse fragment modifers가 토성 약자에 추가되어야 함.

2mm 이상 입자 (부피 %)	Modifier	토성약어에 추가
<15	None required	-
15~35	Gravelly	GR
	Cobbly	CB
35~60	Very gravelly	VGR
	Very cobbly	VCB
>60	Extremely gravelly	EGR
	Extremely cobbly	ECB

예를 들어, 자갈을 40%를 가진 식양토 (clay loam)인 층위의 정확한 토성 명칭은 VGRCL (very gravelly clay loam)이 되어야 함.

4) 토색 (Soil color)

Munsell 토색첩은 각 층위의 토색 (습윤상태)를 기술하기 위해 사용됨. 색깔은 색상 (Hue), 명도 (Value), 채도 (Chroma)에 의해 결정되어야 함. 표면층위의 경우, 토색은 문지른 (rubbed) 상태에서 결정됨. 반문을 포함하여 어떠한 층위에서라도 토양의 기록된 토색은 토괴의 표면이나 점토집적 (cutan)이 아니라 우점하고, 문질러지지 않은 토괴 안쪽의 색임. 토색은 색상, 명도, 채도뿐만 아니라 색 명칭까지 포함함.

Soil color

- *Munsell notation* : hue value/chroma (예: 5Y 6/3)
  - hue : R YR Y GY G BG B PB P RP
  - value : pure black(0/) – pure white(10/)
    darker lighter
  - chroma : neutral color(/0) – strongest color(/8)

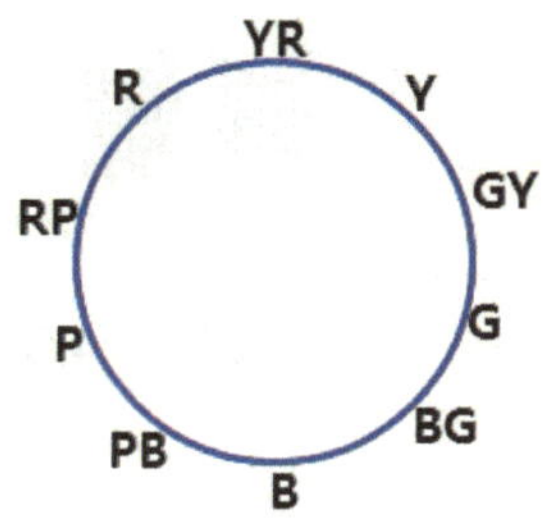

- Color name - the Munsell notation - the moisture state - the physical state
- 예) 5R – 7.5R – 10R – 2.5YR – 5YR – 7.5YR – 10YR – 2.5Y
  2.5R – 10RP - 5Y

층위가 Ap1: Dark grayish brown(10YR 4/2)
Ap2: Grayish brown(10YR 5/3)
BA: Yellowish brown(10YR 5/4)
Bw: Yellowish brown(10YR 5/6)
BC: Yellowish brown(10YR 5/6)
C: Yellowish brown(10YR 5/8)인 경우

Soil color			
Hue (2)	Val. (2)	Chr. (2)	Color name
10YR	4	2	Dark grayish brown
10YR	5	3	Grayish brown
10YR	5	4	Yellowish brown
10YR	5	6	Yellowish brown
10YR	5	6	Yellowish brown
10YR	5	8	Yellowish brown

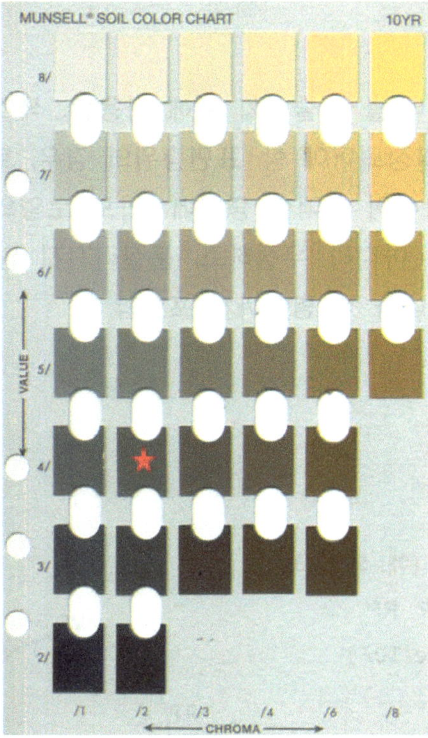

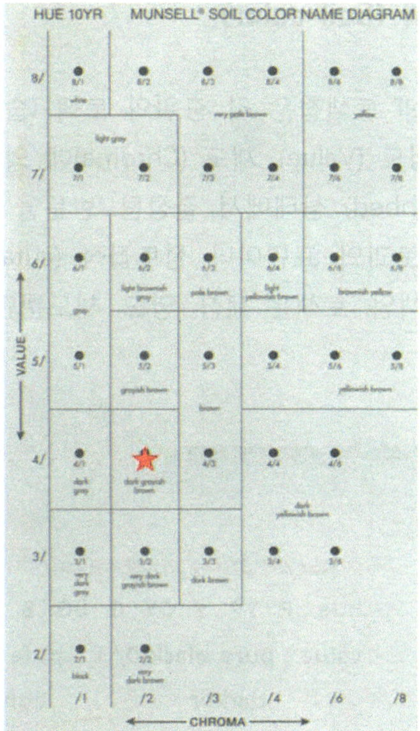

예 : 10YR 4/2 → 암회갈색, dark grayish brown

Hues are the same (Δ h = 0) [1]

Δ Value	Δ Chroma	Contrast
0	≤ 1	Faint
0	2	Distinct
0	3	Distinct
0	≥ 4	Prominent
1	≤ 1	Faint
1	2	Distinct
1	3	Distinct
1	≥ 4	Prominent
≤ 2	≤ 1	Faint
≤ 2	2	Distinct
≤ 2	3	Distinct
≤ 2	≥ 4	Prominent
3	≤ 1	Distinct
3	2	Distinct
3	3	Distinct
3	≥ 4	Prominent
≥ 4	—	Prominent

Hues differ by 1 (Δ h = 1) [1]

Δ Value	Δ Chroma	Contrast
0	≤ 1	Faint
0	2	Distinct
0	≥ 3	Prominent
1	≤ 1	Faint
1	2	Distinct
1	≥ 3	Prominent
2	≤ 1	Distinct
2	2	Distinct
2	≥ 3	Prominent
≥ 3	—	Prominent

Hues differ by 2 (Δ h = 2) [1]

Δ Value	Δ Chroma	Contrast
0	0	Faint
0	1	Distinct
0	≥ 2	Prominent
1	≤ 1	Distinct
1	≥ 2	Prominent
≥ 2	—	Prominent

Hues differ by 3 or more (Δ h ≥ 3) [1]

Δ Value	Δ Chroma	Contrast
Color contrast is Prominent, except for low Chroma and Value [1]		Prominent

[1] Exception: If both colors have a Value ≤ 3 and a Chroma ≤ 2, the Color Contrast is *Faint*, regardless of Hue differences.

5) 구조 (Structure)

토양구조는 토양 생성 과정의 결과로 생긴, 자연적으로 발생된 토양입자의 배열을 말함. 등급은 각각의 토괴를 구별하여 설명되어야 하지만 형상은 전체적인 모양으로 서술해야함.

(1) 등급

다음 값 중 하나를 사용하여 각 층위의 구조 등급을 기록함.

등급	기술	기록 값
구조없음(Structureless)	토괴 관찰 안됨; 구조 없거나 단립 형태임	0
약함(Weak)	토괴가 불명확하거나 희미하게 관찰됨; 1/3정도 구조를 이룸	1
보통(Moderate)	토괴가 좋게 형성, 분명함; 1/3 이상 구조를 이룸	2
강함(Strong)	상당히 뚜렷한 구조 관찰됨; 2/3이상 구조를 이룸	3

한 층위의 다른 부분에 다른 구조 등급이 존재하는 경우, 더 많은 부분을 선택함.

(2) 형상

다음의 값 중 하나를 사용하여 각 층위에 대한 형상을 기록함.

형상	기술	기록값
입상 (Granular)	입자가 타원상 또는 다면상이며 점을 중심으로 그 주위에 둥글게 배열되어 있으며 입자 집합체의 삼면은 크기가 같음. 그 표면에 둘러 쌓여 있는 토괴에 약간의 영향을 받거나 전혀 받지 않으며 그 모양은 평평하고 둥금. 토괴에 비교적 공극이 없음.	GR
판상 (Platy)	토괴가 판상이며 수직면은 수평면보다 길이와 면적이 매우 적음. 입자는 수평면을 중심으로 그 주변에 배열되어 있으며 그 면은 대부분 수평임.	PL
각주상 (Prismatic)	토괴가 각주상이며 수평면보다 수직면의 면적이 큼. 구조들은 수직면이 잘 발달되어 있음. 구조상부는 각상(3각형 또는 다각형임.	PR
원주상 (Columnar)	각주상과 같은 주상이나 상부가 각주가 아니라 원주임.	COL
각괴상 (Angular blocky)	토괴가 각진 밤톨과 같이 부서지는 괴상 또는 다면상임. 구조가 발달될수록 구조면에 점토피막이 집적되어 있어 쉽게 부서지고 토괴는 단단함.	ABK
반각괴상 (Subangular blocky)	상기와 같은 괴상 또는 다면상이나 대부분의 정상부는 원형임. 표면에 둥글고 평평한 면이 혼합되어 있음(원괴상이라고도 함)	SBK
단립 (Single grained)	개별입자가 일관되지 않게 푸슬푸슬함	SGR
무구조 (Massive)	구조없이 다 부서짐.	MA

복합된 토양구조의 경우, 모양으로 보아 더 큰 토양형의 구조를 기술함. 토양생성 과정을 가지지 않는 토양 (퇴적물로부터 기인된 토양)은 무구조 (Massive)로 칭함.

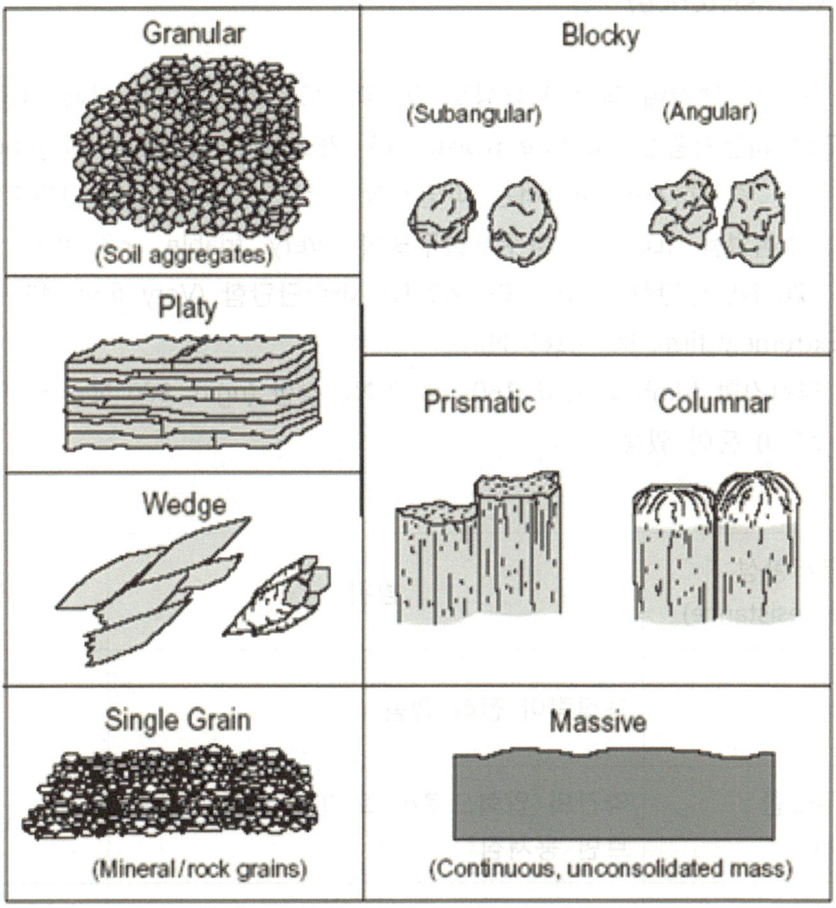

Strong thin platy

Strong medium prismatic

Strong medium columnar

Strong fine & medium granular

Strong medium & coarse blocky

6) 견지성 (Consistence)

견지성은 토괴의 변형에 대한 저항성을 말하며, 토양수분함량에 의해 결정됨. 견지성은 일반적으로 파열저항성 (rupture resistance), 가소성 (plasticity), toughness, 점착성 (stickiness) 등을 측정하지만 여기서는 파열저항성만을 측정함. 힘의 단위로 다음과 같이 구분함: 전혀없음 (Loose), 아주푸슬푸슬함 (Very friable, <8 N[1]), 푸슬푸슬함 (Friable, 8~<20 N), 단단함 (Firm, 20~<40 N), 아주단단함 (Very firm, 40~<80 N), 극히단단함 (Extremely firm, 80~<160 N).

이외에도 약간강함 (slightly rigid, 160~<800 N), 강함 (rigid, 800 N~<3 J[2]), 매우강함 (very rigid, ≥3 J) 등이 있음.

파열저항성 (rupture resistance)	범위	약어
전혀없음 (Loose)	응집력이 전혀 없음	L
아주푸슬푸슬함 (Very friable)	약간의 압력으로써 토괴가 부서지고 누르면 뭉쳐짐	VFR
푸슬푸슬함 (Friable)	엄지와 검지 사이로 약간 강하게 압력을 가하면 부서지고 누르면 뭉쳐짐	FR
단단함 (Firm)	엄지와 검지 사이에서 강하게 압력을 가하면 부서지고 누르면 뭉쳐짐	FI
아주단단함 (Very firm)	강한 압력을 가하여야만 부서지며 엄지와 검지로는 여간해서 부서지지 않음	VFI
극히단단함 (Extremely firm)	극히 강한 압력을 가했을 때만 부서지며 엄지와 검지로는 부술 수 없음	EFI

1) N : newtons (힘의 단위)
2) J : joule (에너지의 단위)

7) 산화환원특징 (Redoximorphic Features)

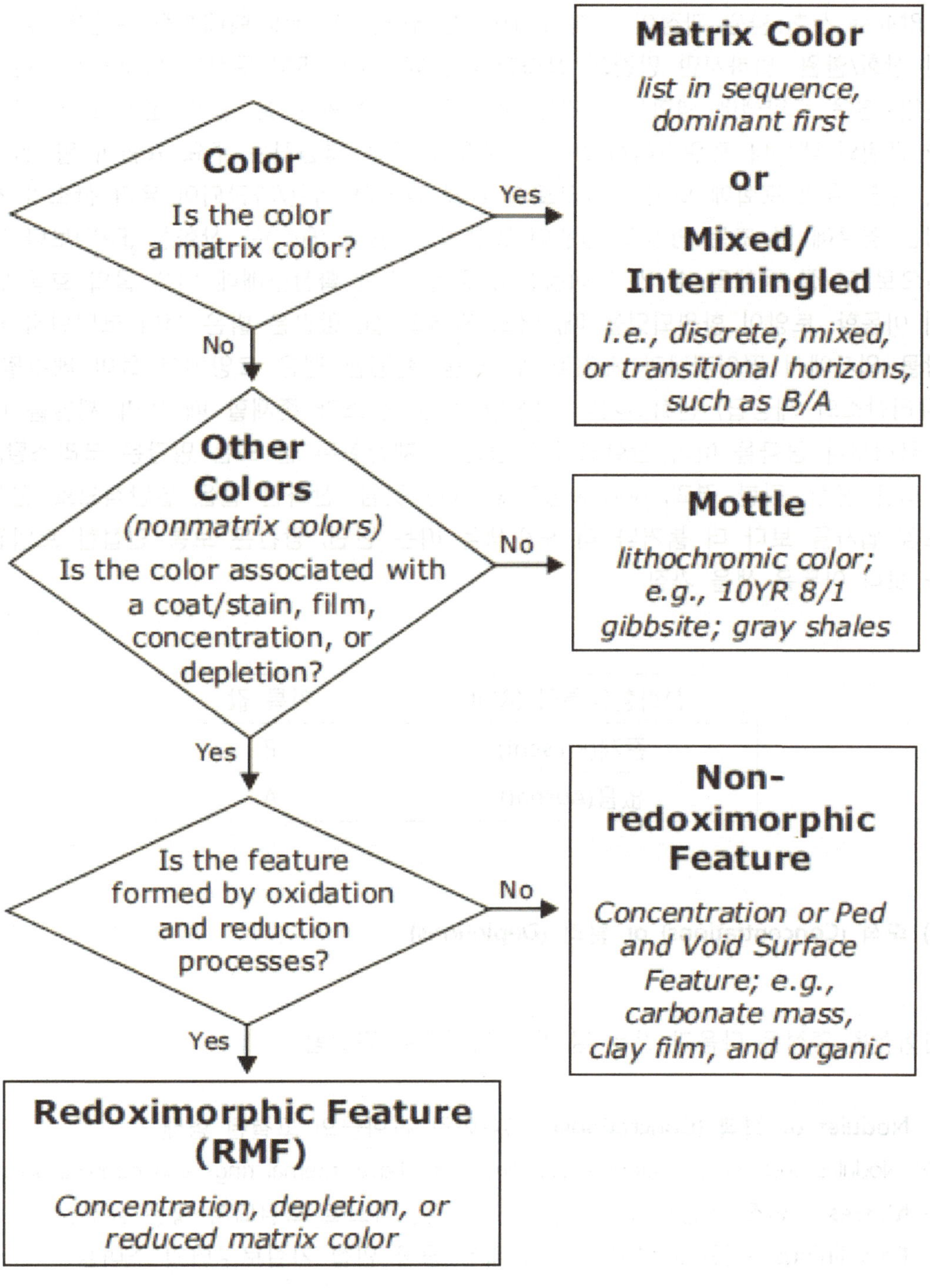

(1) 존재 (Presence) or 없음 (Absence)

RMF는 산화/환원 과정이 반복이 되어 일어나는 토양의 형태학적 특징임. 철 (Fe)의 산화/환원, 덜하지만 망간의 산화환원이 대부분의 RMF특징을 나타내게 하는 원인임. 철은 토양색에 영향을 미치는 주요인자임. 철의 손실, 발생, 원자가 상태는 토양 층위의 내부나 층위간에서 토양의 색깔 패턴을 결정짓는 주요 요인이 됨. 장기간에 걸친 물의 포화에 의해 토양으로의 물의 침투가 제한/차단되어 유리 산소가 제한되는 경우에 철 또는 망간의 환원이 발생함. 환원철 (Fe^{2+})는 산화철 (Fe^{3+})보다 비교적으로 더 잘 용해될 수 있고 이동성이 좋음. 또한 확산구배에 의해 물의 흐름과 함께 이동함. 토양이 환원되었을 때, 어느 지역의 철, 망간은 밝은 색의 코팅되지 않은 광물 입자에서 떨어져나가 제거될 수 있음. 환원된 철은 토양에서 물이 배수될 때 (유리산소의 재공급) 산화되거나 침전됨. 또는 산소가 존재할 때 뿌리 채널을 따라 공극내부나 공극을 따라 산화되거나 침전됨. 재산화된 철 또는 망간은 크리스탈, 부드러운 물질, 강한 결괴, nodule형태를 이룰 것임. 산화된 철은 일반적으로 인접한 토양 입자들 보다 더 붉거나 더 노란색을 띠는 반면, 망간은 보통 인접한 토양입자들 보다 어두운 색을 가짐.

산화환원특징 (RMF)	기록 값
존재(Present)	P
없음(Absent)	A

(2) 축적 (Concentrations) or 탈리 (Depletions)

<u>산화환원 축적</u>은 다음과 같은 철-망간 축적으로 정의됨.

- **Nodules or 결핵 (Concretions)** – 철-망간 산화물의 고결된 형태

※ Nodules and concentrations – concentrations have internal rings and nodules do not.

- **Masses** – 인접 토양보다 더 붉거나 더 검은색으로 고결되지 않은 상태임
- **Pore linings** – 공극표면에의 코팅 혹은 공극 인접 기질로부터의 스며듦

<u>산화환원 탈리</u>는 채도 2미만의 구역에서 정의됨. 다음으로 식별됨:

철 탈리 – 철, 망간 산화물이 적게 함유되었지만 점토함량은 인접한 기질과 비슷한 층위; 더 노란색, 더 녹색, 더 파란색의 색상; 명도가 높고 채도가 낮음; 명도 일반적으로 ≥4.

점토 탈리 – 인접한 기질과 비교하여 점토, 철, 망간을 적게 함유하는 층위; either 더 노란색, 더 녹색, 더 파란색의 색상; 명도가 높고 채도가 낮음; 명도 일반적으로 ≥4.

축적과 탈리는 색상, 명도, 채도에 있어서 토양층위의 주토색에 비해 현저하게 다름. 만약 주토색이 결핍된 토색 (명도 2 이하의 값)를 가지고 축적이 '있음'으로 기술되면, 탈리는 (CONC/DEP)로 표시하지 말고, 진단층위 접미사에 'g'를 사용하여야 함 (예: Btg)

RMF 존재의 형태	기록값
축적 (Concentrations)	CONC
탈리 (Depletions)	DEP
축적과 탈리 (Concentrations and depletions)	CONC/DEP
RMF 없음	(–)

Redoximorphic features that consist of a redox concentration, as an iron mass (reddish area along pedsurface) and an iron depletion (light-colored area surrounding the root channel in pedinterior)

※ 축적의 종류

- **finely disseminated** (bodies not visible by unaided eye; proposed)
- **masses** (noncemented; crystals not visible with 10X hand lens)
- **nodules** (cemented; non-crystalline at 10X, no layers)
- **concretions** (cemented; non-crystalline at 10X, distinct layers)
- **crystals** (crystals visible with 10X hand lens)
- **biological concentrations** (byproducts or pseudomorphs)
- **inherited minerals** (geogenic)

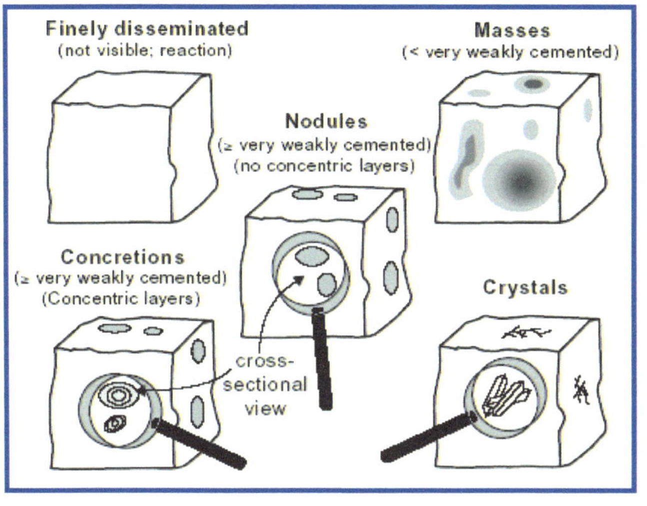

※ 축적의 형상

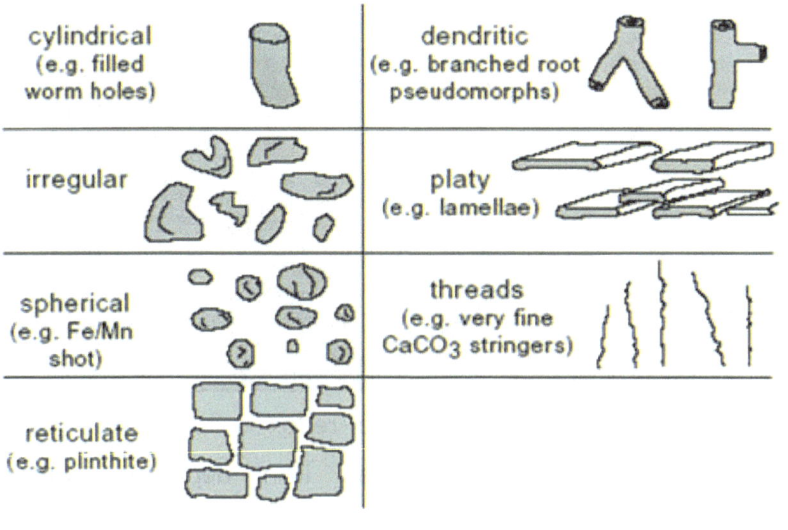

※ 토양 배수등급

미농무부 (Soil survey staff, 1993)에서 통용되고 있는 토양배수등급의 결정은 유거(runoff), 투수성 (permeability), 지하수위 (ground water table) 등의 종합적인 영향이 반영되어 나타내는, 단면의 토색에 의하며 등급별 토양수분상태 및 토색은 다음과 같음.

배수 매우불량 (very poorly drained) :

지하수위가 0~20cm 사이에 있으며 주토색은 회색계임. 반문(산화에 의한 색)의 양은 2% 미만

배수 불량 (poorly drained) :

지하수위가 20~50cm 사이에 있으며 주토색은 회색계임. 반문(산화에 의한 색)의 양은 2% 미만

배수 약간불량 (imperfectly drained or somewhat poorly drained) :

지하수위가 20~50cm 사이에 있으며 주토색은 회색계임. 반문(산화에 의한 색)의 양은 2% 이상 50% 미만

배수 약간양호 (moderately well drained) :

반문(환원에 의한 색)의 양이 50% 미만

배수 양호 (well drained) :

각 층위는 하나의 색(암석에 의한 색은 제외)을 가짐, 반문은 2% 미만

불량(문포통)

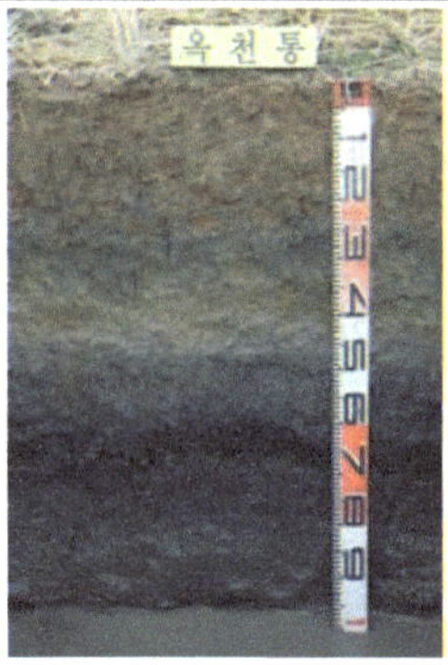

불량(옥천통)

불량(예천통)

약간불량(지산통)

약간불량(석천통)

약간불량(회곡통)

약간양호(용지통)

약간양호(강서통)

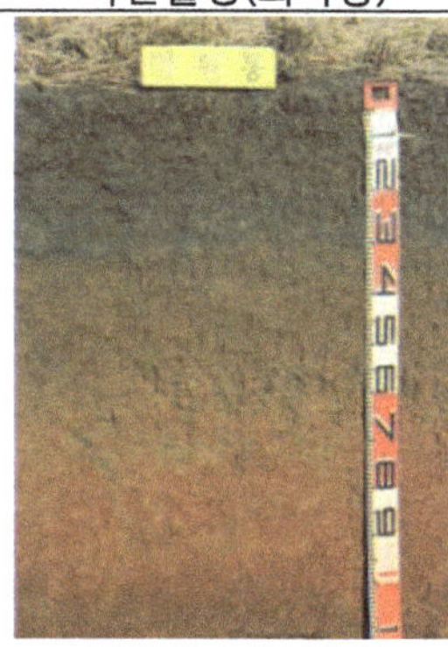
약간양호(청원통)

양호(안룡통)

양호(백산통)

양호(이현통)

8) 뿌리 (Roots)

(1) 크기

크기는 직경의 크기로 아래와 같이 구분함

양	범위	기록값
매우가늠(Very fine)	1mm 미만	VF
가늠(Fine)	1~2 mm	F
보통(Medium)	2~5 mm	M
굵음(Coarse)	5~10 mm	C
매우굵음(Very coarse)	10mm 이상	VC

(2) 양

각 층위별 양, 크기, 위치 등을 표시하나 여기서는 양과 크기에 대해서만 기술하기로 함. 뿌리의 양은 단위면적당 각 크기별 숫자로 기술됨.

양	범위	기록값
적음(Few)	1% 미만	F
있음(Common)	1~5%	C
많음(Many)	5% 이상	M

9) 공극 (Pores)

(1) 크기

크기는 직경의 크기로 아래와 같이 구분함

양	범위	기록값
매우가늠(Very fine)	1mm 미만	VF
가늠(Fine)	1~2 mm	F
보통(Medium)	2~5 mm	M
굵음(Coarse)	5~10 mm	C
매우굵음(Very coarse)	10mm 이상	VC

(2) 양

각 층위별 양, 크기, 위치 등을 표시하나 여기서는 양과 크기에 대해서만 기술하기로 함. 공극의 양은 뿌리와 같은 범위를 사용함.

양	범위	기록값
적음(Few)	1% 미만	F
있음(Common)	1~5%	C
많음(Many)	5% 이상	M

(3) 형상

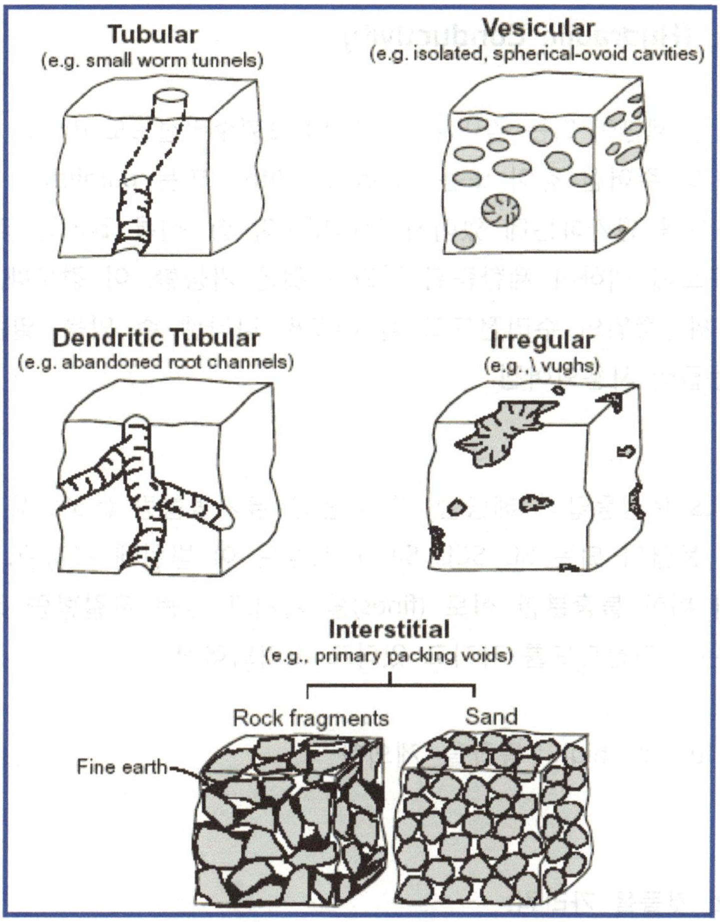

Description	Code		Criteria
	PDP	NASIS	
SOIL PORES [1]			
Dendritic Tubular	TE	DT	Cylindrical, elongated, branching voids; e.g., *empty root channels*.
Irregular	—	IG	Non-connected cavities, chambers; e.g., *vughs*; various shapes.
Tubular	TU	TU	Cylindrical and elongated voids; e.g., *worm tunnels*.
Vesicular	VS	VE	Ovoid to spherical voids; e.g., *solidified pseudomorphs of entrapped, gas bubbles concentrated below a crust*, most common in arid to semi-arid environments.
PRIMARY PACKING VOIDS [2]			
Interstitial	IR	IR	Voids between sand grains or rock fragments.

2. 토양 층위 특성

1) 수리전도도 (Hydraulic Conductivity)

표면층위와 가장 제한이 되는 깊이(유효토심)의 포화수리전도도 (hydraulic conductivity)를 측정할 것. 만약 주어진 깊이 또는 그 위에서 lithic 또는 paralithic 접촉이 발생한다면, 이것은 전도도를 평가하는데 있어서 고려되어야 함. 비록 같지는 않지만, 표면층위가 포화수리전도도에 대하여 제한층위가 되는 것은 가능함. 이 경우에, 토양표면의 전도도는 표면과 제한층위의 수리전도도 둘 다로써 나타낼 수 있음. 일반적으로 수리전도도는 3개의 등급이 사용되어짐.

High – S & LS 토성등급이 해당함. 매우 높은 유기물함량 (>5% 유기탄소) 때문에 특별히 'loose' 등급이 되는 SL, SCL, SiL, L 토성은 이 범위에 포함됨. 조각들 사이의 공간을 채우기 위한 불충분한 식토 (fines)를 가지고 있는 자갈함량 60% 이상의 층위는 또한 높은 수리전도도를 가지고 있다고 고려되어짐.

Moderate - 'low'와 'high' 등급을 제외한 것들을 포함함.

Low - 아래의 것들을 가리킴.

1. C, SiC or SC (1 또는 2의 구조 등급)
2. SiCL & CL (0 또는 1의 구조 등급)
3. 장기 습윤 (채도≤2이고 명도≥4)에 의해 산화환원 결핍 또는 결핍된 층위를 포함하는 층위에서의 암반층위 (Cr or R 층)

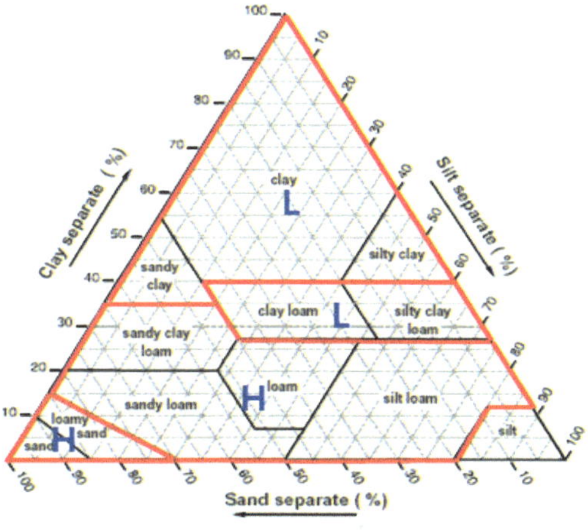

2) 유효토심 (Effective Soil Depth)

토양깊이의 등급은 토양 표면에서 근권 제한 깊이의 상부경계까지의 깊이로 정의되어짐. 제한층위는 아래를 포함함.

(i) 더 세립질인 토양층위 바로 밑에 위치한 비어있는 공극에 cS 토성을 가진 cS or 암편인 층위 (즉, vfS, LvfS or 더 세립질인 토성);
(ii) 암반 (lithic or paralithic 물질);
(iii) densic 물질 (d를 가지고 있는 토양만을 의미하는 것은 아님); and
(iv) 무구조이면서 very firm or extremely firm인 Sic, C or SC 토성.

만약 판별깊이가 150cm보다 작고, 그 깊이내에 제한깊이가 없다면, 단면의 아래에 만나는 층위를 최소 150cm로 하고 'very deep'를 선택

유효토심		cm
매우깊음 :	very deep	> 150
깊음 :	deep	100~150
보통 :	moderately deep	50~100
얕음 :	shallow	25~50
매우 얕음 :	very shallow	< 25

3) 유효수분보유력 (Available Water Holding Capacity)

수분보유력은 대략 포장용수량 (Field Capacity)과 영구위조점 (Permanent Wilting Point) 사이의 수분함량을 나타냄. 토양에 저장된 대략적인 수분함량은 토양 단면의 상부 150cm에서 계산됨. 이러한 토양 두께는 단면에 서술되어진 것과 동일하지 않을 수도 있음. 만약 층이 150cm 이상일 경우, 전체 수분함량은 각각의 층위 또는 층위의 부분에 저장되어진 수분함량의 합으로 측정되어짐. 만약 층위가 뿌리에 부정적이라면, 이 층위와 아래의 모든 층위는 유효수분 측정에서 제외되어져야 함. 유효수분을 계산하기 위해서 기술되어진 가장 낮은 층위의 특성은 150cm 까지 확장하여 추정되어질 수 있음.

만약 제한층위가 가장 낮게 기술되어진 층위와 150cm 깊이 사이에 존재한다면, 제한층의 깊이는 유효수분의 측정을 위해 고려되어져야 함. 4개의 보유등급은 아래와 같음.

등급		범위
매우낮음 :	Very low	(< 7.5 cm)
낮음 :	Low	(7.5 to < 15.0cm)
보통 :	Moderate	(15.0 to < 22.5 cm)
높음 :	High	(≥ 22.5 cm)

토양이 센티미터 당 보유하고 있는 유효수분함량과 토성 사이의 관계는 아래 표와 같음. 자갈들 (coarse fragments)은 무시해도 될 정도의 수분을 보유하고 있다고 가정할 수 있으며, 추정은 자갈함량을 반영하여야 함. 만약 토양이 자갈들을 포함하고 있다면, 암편에 의해 차지된 부피가 측정되어져야 하며, 유효수분보유력은 그에 맞추어 보정됨. 예를 들어, 만약 SiL A층이 25cm 두께이고, 암편이 10% 부피를 차지하고 있다면,

이 층위의 수분보유능력 = 25cm × 0.20 cm/cm × [[100-10]/100] = 4.50cm

유효수분함량을 각각의 층을 100분율로 측정할 것. 모든 층을 더할 것. 그리고 10분율로 전체 양을 개략적으로 반올림할 것. 예를 들어, 14.92는 14.9로, 15.15는 15.2로 반올림 되어 질 수 있음.

토성은 유효수분보유력에 영향을 끼치는 중요한 요인임. 그리고 아래는 측정되어진 결과에 따른 관계가 표시되어져 있음.

유효수분보유력 (cm 수분함량 / cm 토양)	토성등급
0.05	모든 S, LcoS, LS
0.10	LfS, LvfS, coSL
0.15	SL, fSL, SCL, SC, SiC
0.20	vfSL, L, SiL, Si, SiCL, CL

4) 토양 습윤 등급 (Soil Wetness Class)

토양의 습윤은 수분이 유출 (Runoff)과 침투 (Percolation)에 의해 토양으로부터 제거되는 비율을 반영함. 경관 위치, 경사 구배, 침투율, 표면 유출, 그리고 침투성은 토양 습윤 등급에 영향을 미치는 중요한 인자들임. 축적, 탈리와 탈리된 기질을 포함하는 RMF는 장기간 토양의 포화와 환원 (wet)의 일반적인 지표이며, 토양습윤등급을 평가하는데 사용됨. 아래는 '습윤 상태'의 깊이를 결정 :

(1) A층의 상단인데 다음을 가짐:
(a) 층위의 채도 ≤2이고,
(b) 공극을 따라 탈리와 축적을 가지고,
(c) A층 바로 아래 층위의 계속적인 포화와 환원에 기인한 탈리와 탈리된 기질
또는
(2) 계속된 포화와 환원에서 유래되며 채도 ≤2와 명도 ≥4를 가지는 가장 얕은 깊이

등급	기술
1	Not wet 150cm 이상
2	Wet in 101~150cm
3	Wet in 51~100cm
4	Wet in 26~50cm
5	Wet at 25cm 이하

150cm 이내에서 lithic 또는 paralithic 인접면이 있고 그 위에 습윤의 증거가 없다면, 등급 1을 가정함: 150cm 이상 젖지 않음. 만약 판단한 깊이에서 증거가 존재하지 않고 그 깊이가 150cm이하인 경우 등급 1로 가정: 150cm 이상 젖지 않음.

3. 토양 위치

1) 지형 (Landform)

산악지 (Mountain)

산악지에 분포하는 토양은 급경사에 의한 유거로 항상 침식이 수반되며 고원지 토양은 해발이 높으므로 경사가 완만하더라도 산악지에 포함됨.

구릉지 (Hilly)

산악지와 평탄지의 중간적 지형으로 경사가 산악지에 비해 상대적으로 낮은 산지들을 말하며 해발.고도는 정해져 있지 않음. 우리나라 서부와 남부 지역에는 해발 300m 이하이고, 경사 30% 미만인 완만한 저구릉 및 구릉지가 많이 분포하고 있음.

산록경사지 (Mountain foot, Backslope)

우리나라는 지형이 매우 복잡할 뿐만 아니라 수많은 구릉지와 산악지가 전국에 분포하고 있음. 이들 구릉 및 산악지 하부에는 중력에 의하여 퇴적된 붕적토양이 경사도 30% 이하의 산록지에 널리 분포하고 있음.

곡간지 (Local valley)

두 고지 사이를 물줄기나 빙하가 흘러 생긴 긴 저지를 말함. 곡간은 주로 경사지이지만 특수한 경우에는 곡간에도 평탄지가 생길 수 있음.

평탄지 (Plain)

평평하거나 아주 약간의 경사 (2%이하의 경사)를 가진 지대.

대지, 단구지 (Terrace)

범람원이나 충적평탄지보다 약간 높은 곳에 위치하므로 대지(臺地)라고도 일컬음. 계단식으로 보이기도 함.

충적, 하성 (Riverplain)

평평하거나 아주 약간의 경사(2%이하의 경사)를 가진 지대.

충적, 해성 (Fluvio-marine deposits)

해안평탄지에서 해성평탄지와 하해혼성평탄지를 명확히 구분하는 것은 어렵지만 강이 없는 해변의 해성평탄지는 바다의 영향을 주로 받았다고 볼 수 있음풍적물인 사구도 해성평탄 주변에 흔히 발달됨.

2) 모재 (Parent Material)

잔적 (Residumm)

기반암이 물리.화학적 풍화작용을 받은 움직임이 없이 그 자리에 쌓인 토양으로 R층을 수반하며 유기질토는 유.무기질 C층을 수반함.

붕적 (Colluvium)

산악 및 구릉지의 풍화 잔적물이 경사면을 따라 중력의 영향으로 움직(Mass movement)여 쌓인 토양(운적토)으로 일반적으로 산지의 5부능선 주위로 발달되며 모암의 종류에 따라 상이하나 각이 진 석력이 포함된 토양들임.

충적 (Alluvium)

상부의 풍화 쇄설물이 물의 영향으로 곡간지, 평탄지, 선상지 등에 쌓인 토양으로 붕적 모재 토양물질 보다 잔자갈로 구성되어 있고 물에 의해 움직인 거리가 멀수록 모래 입자가 작으며 원마도는 높은 편임.

홍적 (Diluvium)

퇴적 연대가 오래된 충적물이므로 표토는 대부분 세립질이며 심층 일부 또는 말단부위에 풍화된 둥근 자갈이 존재함. 우리나라 홍적토양의 생성 연대는 제4기 고층인 홍적세 퇴적물로 제4기 신층, 즉 현세 퇴적물을 협의의 충적모재라 함.

인위 (Anthropogenic)

인간의 영향을 강하게 받아 자연토양과는 아주 다른 특성을 가진 흙을 말함.

3) 경사 (Slope)

경사로는 각 부지에 있는 두 개의 기둥 사이를 Abney level 또는 경사계로 측정하여 결정해야 함. 그 기둥들은 똑같은 높이가 아님. 기둥들은 기둥 꼭대기에서 경사로를 측정하기 위해서가 아니라 기둥 사이에 있는 땅의 실제 경사도를 측정하기 위해 제공된 것임. 기둥의 높이를 같게 하여 실제 토양 경사를 측정해야 함.

등급	경사
A :	0~2%
B :	2~7%
C :	7~15%
D :	15~30%
E, F :	>30% (30~60%, >60%)

4) 침식 (Erosion)

기존의 물에 의한 침식의 증거는, 토양 구덩이의 인접지역에서 그리고 경사로 기둥 사이에서 다음과 같은 카테고리를 참조하여 평가되어야만 함.

없음 (none apparent) - 그 지역에는 침식에 대한 어떤 흔적도 없음.

표층침식 (sheet erosion) - 채널이나 세류침식과는 달리 빗물의 영향이나 빗물의 하향 침투 등에 의해 토양입자가 분리됨. 미세한 입자의 균일한 층이 전체 표면에서 제거됨. 최근 경작한 포장등에서 발생함.

우곡, 세류침식 (rill erosion) - 0.3m정도의 작은 물길임. 이 수로는 주로 경작 활동에 의해 없어질 수 있음.

※ 세류침식은 일반적으로 강우강도가 강한 조건하에서 유출수가 증가함에 따라 표토에 작은 골짜기를 만들며 침식되는 것임. 경작지 토양에서 대부분 세류침식에 의해 토양이 유실되며 특히 새로 개간된 지역이나 나지 상태에서 불규칙하게 이루어짐. 세류침식과 협곡침식의 한계는 명확하지 않으나 보통 세류침식은 도랑 크기가 경운 작업에 의하여 제거될 수 있을 정도의 토양 침식임. 평평한 지면이라도

표면에는 크고 작은 굴곡이 있어 이곳에 물이 고였다가 어느 한쪽으로 흐르게 되므로 결국 작은 홈이 생겨 세류침식으로 나타나게 되는데 투수성이 낮고 토심이 얕은 토양에서 유출수의 증가로 일어나기 쉬움. 세류침식에 의한 토양의 이동 속도는 30cm/sec 이상이며, 경사장 및 경사도가 증가할수록 그리고 강우속도가 증가할수록 그 속도가 빨라짐.

구곡, 협곡침식 (gully erosion) - 0.3m보다 더 깊은 물길임.

※ 협곡침식은 토양침식정도가 세류침식보다 크게 나타나는 것으로 침식된 도랑의 크기가 커서 경운 작업에 의해서 제거할 수 없음. 토양유실은 강우에 의해 토립이 분리되어 면상침식, 세류침식, 그리고 협곡침식의 단계를 거쳐 일어나는 것이 보통임. 협곡침식은 강우침식, 수로침식, 결빙과 해빙의 상호작용에 의한 침식 등 3가지 작용 가운데 한가지이상의 침식작용에 의해 협곡이 이루어지며 골짜기는 깊이에 따라 대(5m), 중(1~5m), 소(1m 이하)로 분류됨. 협곡침식의 정도는 유출수의 특성, 배수정도, 토양특성, 협곡의 모양 및 지형에 따라 좌우됨. 협곡침식은 완경사지에서 크게 문제시되지 않으나 우리나라에서는 하기집중강우와 급경사지가 많으므로 사전방지대책이 요구됨.

터널침식 (tunnel erosion) - 표토는 상대적으로 온전한 상대로 유지되면서 심토는 물에 의해 침식되는 것을 말함.

우곡, 세류침식 (rill erosion)

구곡, 협곡침식 (gully erosion)

터널침식 (tunnel erosion)

4. 토양분류 (Soil Classification)

한국에서는 단 7가지 목(종류)과 14가지 이목만이 속하지만 한국의 토양분류체계는 Soil Taxonomy(미국토양분류체계)를 따름.

■ 토양 목 (Order)

<Keys to Soil Taxonomy, Twelfth Edition(2014)>의 p.37~41에서 목(종류)의 설명이 있는 Key to Soil Orders를 참고.

■ 토양 아목 (Suborder)

<Keys to Soil Taxonomy, Twelfth Edition(2014)>의 p.43에서 Alfisols suborders, p.135에서 Entisols suborder, p.211에서 Inceptisols suborders, p.283에서 Ultisols suborders의 설명을 참고.

■ 표층 (Epipedon)

<Keys to Soil Taxonomy, Twelfth Edition(2014)>의 p. 7~11의 표층 타입 설명 참고.

■ 차표층 (Subsurface horizons)

<Keys to Soil Taxonomy, Twelfth Edition(2014)>의 p.11-17에서 차표층 타입 설명 참고.

■ Diagnostic soil Characteristics for mineral soils

토양 목 설명에 필요한 토양 진단 특성으로 <Keys to Soil Taxonomy, Twelfth Edition(2014)>의 p.17-23의 설명 참고.

1) 토양 목 (Order)

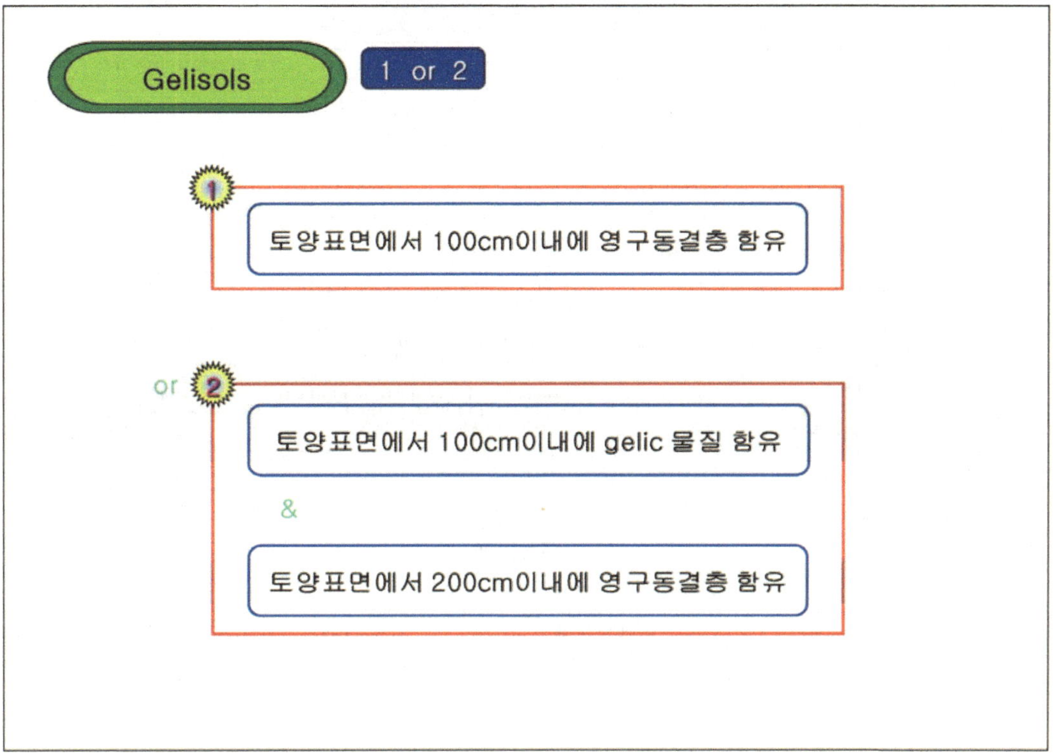

Gelisols
1 or 2
1
토양표면에서 100cm이내에 영구동결층 함유
or 2
토양표면에서 100cm이내에 gelic 물질 함유
&
토양표면에서 200cm이내에 영구동결층 함유

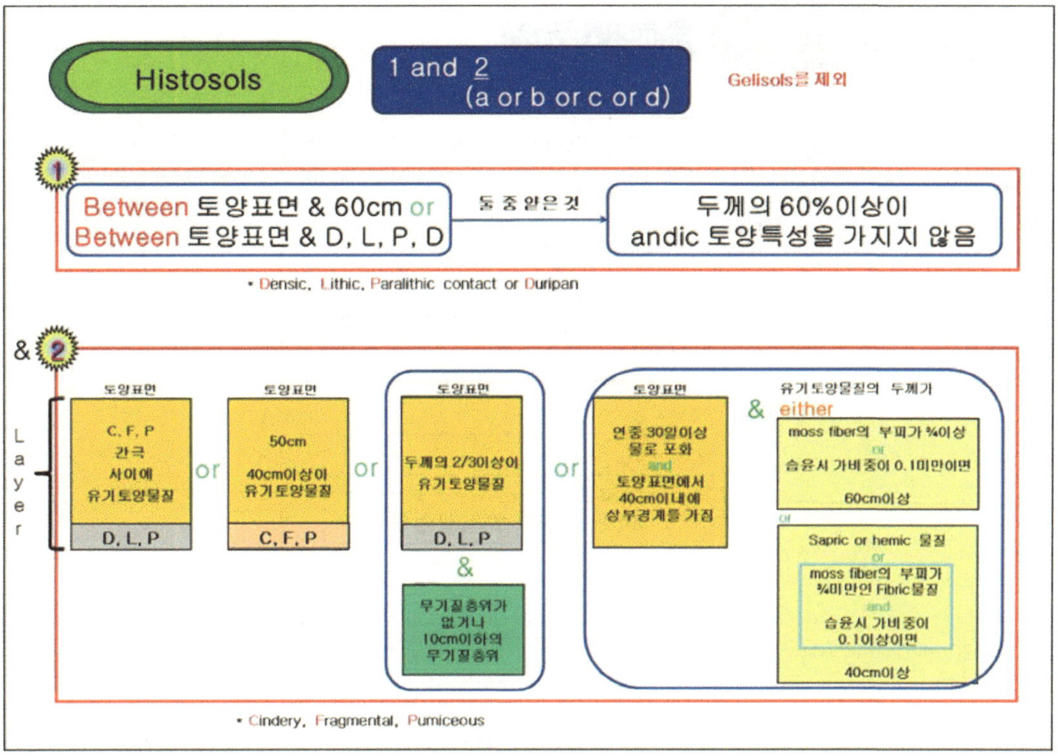

Histosols
1 and 2 (a or b or c or d)
Gelisols를 제외
1
Between 토양표면 & 60cm or
Between 토양표면 & D, L, P, D
둘 중 얇은 것
두께의 60%이상이
andic 토양특성을 가지지 않음
• Densic, Lithic, Paralithic contact or Duripan
& 2
Layer
토양표면
C, F, P
간극
사이에
유기토양물질
D, L, P
or
토양표면
50cm
40cm이상이
유기토양물질
C, F, P
or
토양표면
두께의 2/3이상이
유기토양물질
D, L, P
&
무기질층위가
없거나
10cm이하의
무기질층위
or
토양표면
연중 30일이상
물로 포화
and
토양표면에서
40cm이내에
상부경계를 가짐
&
유기토양물질의 두께가
either
moss fiber의 부피가 ¾이상
or
습윤시 가비중이 0.1미만이면
60cm이상
or
Sapric or hemic 물질
or
moss fiber의 부피가
¾미만인 Fibric물질
and
습윤시 가비중이
0.1이상이면
40cm이상
• Cindery, Fragmental, Pumiceous

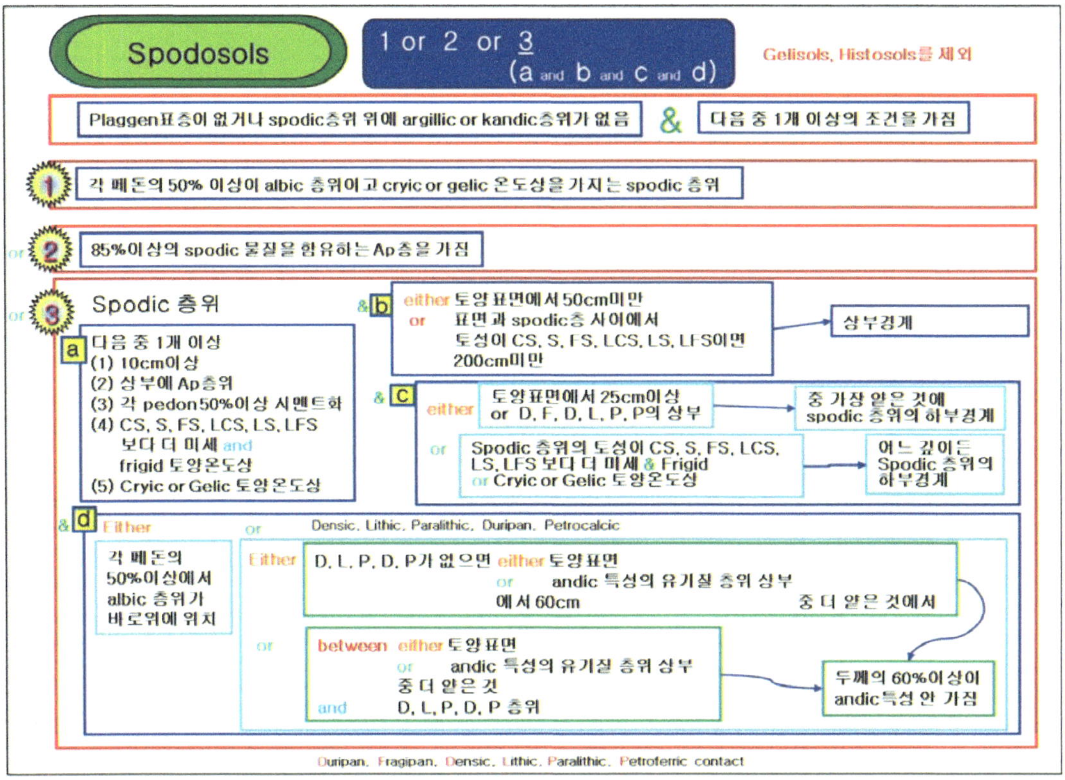
Spodosols
1 or 2 or 3
(a and b and c and d)
Gelisols, Histosols를 제외
Plaggen표층이 없거나 spodic층위 위에 argillic or kandic층위가 없음
&
다음 중 1개 이상의 조건을 가짐
1
각 페돈의 50% 이상이 albic 층위이고 cryic or gelic 온도상을 가지는 spodic 층위
or 2
85%이상의 spodic 물질을 함유하는 Ap층을 가짐
or 3
Spodic 층위
a
다음 중 1개 이상
(1) 10cm이상
(2) 상부에 Ap층위
(3) 각 pedon50%이상 시멘트화
(4) CS, S, FS, LCS, LS, LFS
보다 더 미세 and
frigid 토양온도상
(5) Cryic or Gelic 토양온도상
& b
either 토양표면에서 50cm미만
or 표면과 spodic층 사이에서
토성이 CS, S, FS, LCS, LS, LFS이면
200cm미만
상부경계
& c
either
토양표면에서 25cm이상
or D, F, D, L, P, P의 상부
중 가장 얕은 것에
spodic 층위의 하부경계
or
Spodic 층위의 토성이 CS, S, FS, LCS,
LS, LFS 보다 더 미세 & Frigid
or Cryic or Gelic 토양온도상
어느 깊이든
Spodic 층위의
하부경계
& d
Either
or
Densic, Lithic, Paralithic, Duripan, Petrocalcic
각 페돈의
50%이상에서
albic 층위가
바로위에 위치
Either
D, L, P, D, P가 없으면 either 토양표면
or andic 특성의 유기질 층위 상부
에서 60cm
중 더 얕은 것에서
or
between either 토양표면
or andic 특성의 유기질 층위 상부
중 더 얕은 것
and D, L, P, D, P 층위
두께의 60%이상이
andic특성 안 가짐
Duripan, Fragipan, Densic, Lithic, Paralithic, Petroferric contact

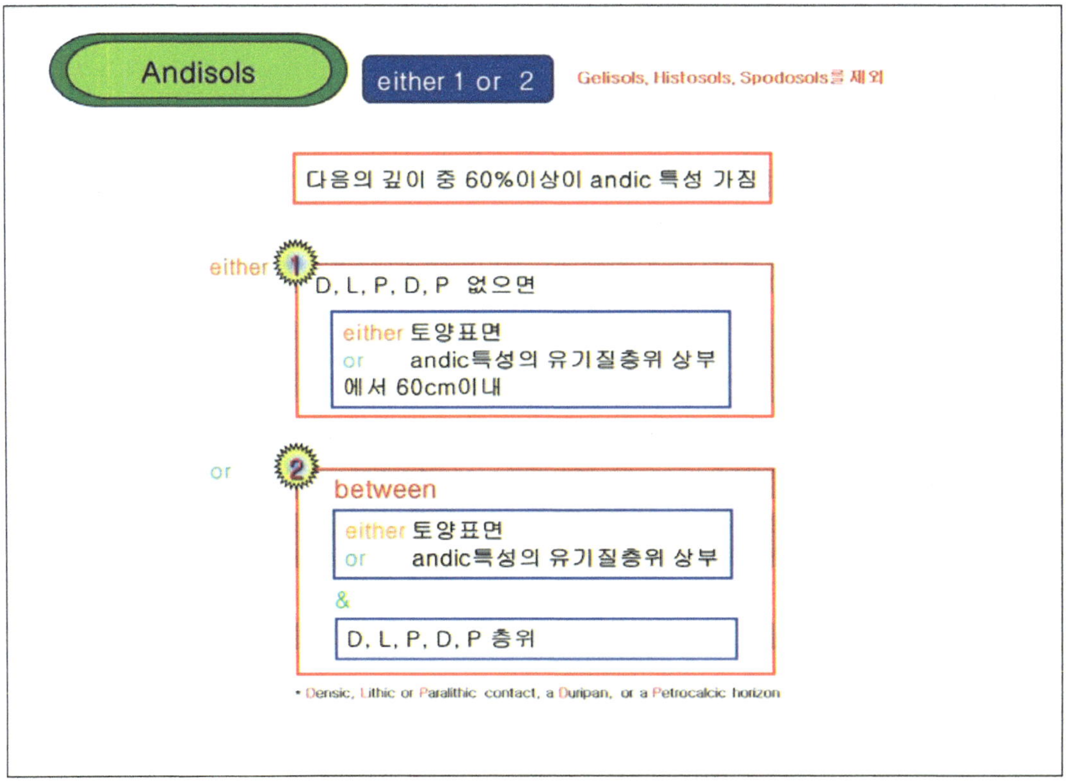
Andisols
either 1 or 2
Gelisols, Histosols, Spodosols를 제외
다음의 깊이 중 60%이상이 andic 특성 가짐
either 1
D, L, P, D, P 없으면
either 토양표면
or andic특성의 유기질층위 상부
에서 60cm이내
or 2
between
either 토양표면
or andic특성의 유기질층위 상부
&
D, L, P, D, P 층위
• Densic, Lithic or Paralithic contact, a Duripan, or a Petrocalcic horizon

Oxisols

either 1 or 2

Gelisols, Histosols, Spodosols, Andisols를 제외

either ①

토양표면에서 150cm이내에 oxic 층위의 상부경계

&

그 깊이내에 kandic 층위 없음

or ②

토양표면에서 18cm이내에 혼합후
2mm이하 입자 중 점토≥40%(중량)

&

oxic 층위의 풍화광물특성을 가지고 있고
토양표면에서 100cm이내
kandic 층위의 상부경계를 가짐

Vertisols

1 and 2 and 3

Gelisols, Histosols, Spodosols,
Andisols, Oxisols를 제외

①

토양표면~100cm이내에 두께 25cm이상의 층위를 가지고 그 층위는

either slickenside를 가짐
or 그 장축이 수평에서 10~60° 기울어진 wedge-shaped peds 가짐

& ②

between 표면
and ~18cm or Ap층위
→ 둘 중 더 두꺼운 것 → 2mm이하입자내 점토≥30%

&

between 18cm
and either 50cm 깊이
or D, L, P, D, P 층위
→ 둘 중 더 얕은 것 → 모든 층위의 2mm이하입자내 점토≥30%

& ③

주기적으로 열리고 닫히는 crack을 보유

Aridisols

1 or 2

Gelisols, Histosols, Spodosols, Andisols, Oxisols, Vertisols를 제외

①

a. aridic 토양수분상 & b. ochric or anthropic epipedon

&

c. 표면에서 100cm이내 다음의 1개 이상
- cambic층위 가지며 그 하부경계 25cm이상
- cryic 온도상과 cambic 층위
- A, C, G, P, P, S 층위
- duripan

or argillic or natric 층위

or **②**

Salic 층위를 가짐

& a. 1년중 1개월이상 표면에서 100cm이내 1개 이상의 층위가 물로 포화

& b. 한해동안 일정 시기에 일부나 전부에서 건조한 수분조절부위를 가짐

& c. 표면에서 150cm이내에 sulfuric 층위가 없음

• Anhydritic, Calcic, Gypsic, Petrocalcic, Petrogypsic, Salic horizon

Ultisols

either 1 or 2

Gelisols, Histosols, Spodosols, Andisols, Oxisols, Vertisols, Aridisols를 제외

either **①** argillic or kandic 층위 있지만 fragipan이 없고 다음 깊이 중 하나에서 염기포화도(양이온합) <35%

a. 만약 epipedon이 CS, S, FS, LCS, LS, LFS 면

either
argillic층위 상부경계 아래 125cm(but 토양표면 아래 200cm이내)
or
토양표면 아래 180cm
→ 둘 중 더 깊은 쪽

or
더 얕으면 → At D, L, P, P 경계

or

b. 다음 깊이충 가장 얕은 것

argillic or kandic층위의 상부경계 아래 125cm or 토양표면 아래 180cm or At D, L, P, P

or **②** Fragipan 있고 다음 둘 다를 가짐

a. either argillic or kandic 층위가 fragipan 상부, 내부, 하부에 있음
or 그 아래층의 하나 이상에 1mm이상의 점토피막

&

b. 다음 깊이 충 가장 얕은 것에서 염기포화도(양이온합) <35%

fragipan의 상부경계 아래 75cm or 토양표면 아래 200cm or At D, L, P, P

• Densic, Lithic or Paralithic, Petroferric contact

Mollisols

1 & 2

Gelisols, Histosols, Spodosols, Andisols, Oxisols, Vertisols, Aridisols, Ultisols를 제외

다음의 둘 다

1. either
   a. mollic epipedon을 가짐
   or
   b. both 18cm 깊이까지 혼합토의 두께를 제외하고 mollic epipedon의 모든 필요조건을 충족시키는 표면 층위
   and argillic, kandic, natric 층위의 상부에 7.5cm이상의 두께를 가지는 심층 (색, 유기탄소, 염기포화도, 구조가 mollic epipedon의 필요조건을 충족시키지만 albic층위에 의해 표층과 구별)

& 2. either argillic, kandic, natric층위의 상부경계와 그 아래 125cm 사이
   or 토양표면과 180cm 사이
   or 토양표면과 D, L, P

   중 가장 얕은 깊이에서
   모든 층위에서 염기포화도(NH_4OAc) ≥50%

* Densic, Lithic or Paralithic contact

Alfisols

1 or 2

Gelisols, Histosols, Spodosols, Andisols, Oxisols, Vertisols, Aridisols, Ultisols, Mollisols를 제외

plaggen epipedon을 갖지 않음

either

1. argillic, kandic, natric 층위

or

2. 일부분에서 1mm이상 두께의 점토피막을 가지는 fragipan

Inceptisols

either 1 or 2

Gelisols, Histosols, Spodosols, Andisols, Oxisols, Vertisols, Aridisols, Ultisols, Mollisols, Alfisols를 제외

either ① 다음 중 1개 이상을 가짐

a. cambic층위가 표면에서 100cm내 존재, 표면에서 25cm이상의 깊이에 하부경계를 가짐

or b. 표면에서 100cm내 C, P, G, P, P, D를 가짐

or c. 표면에서 200cm내 fragipan, oxic, sombric, spodic 층위를 가짐

or d. 표면에서 150cm내 sulfuric 층위를 가짐

or e. cryic or gelic 온도상과 cambic 층위

• Calcic, Petrocalcic, Gypsic, Petrogypsic, Placic, Duripan

or ② 토양표면에서 50cm에 sulfidic물질이 없음, 다음 둘 다를 가짐

both 토양표면 아래 20~50cm사이에 ≤2mm 입자의
either n value ≤ 0.7
or 점토함량 < 8%
인 1개이상의 층위를 가짐

& (1) F, H, M, P, U epipedon
or (2) salic 층위
or (2) 표면에서 50cm사이의 층위 중 ≥50%가 ESP ≥15%(or SAR ≥13)이고 50cm밑에서는 점점 감소
and also
어느 부분도 얼지 않았을 때 일정 시점에서 표면에서 100cm 이내에 지하수위

• Folistic, Histic, Mollic, Plaggen, Umbric

Entisols

Gelisols, Histosols, Spodosols, Andisols, Oxisols, Vertisols, Aridisols, Ultisols, Mollisols, Alfisols, Inceptisols를 제외

기타의 토양

2) 표층 (Epipedon)

Mollic Epipedon

1 건조시
- either a. 직경이 30cm 이하인 structure units or 직경이 30cm 이하인 secondary structure
- or both b. rupture-resistance가 moderately hard or softer

& **2** 모든 부분 부피의 절반 미만에서 미세층(5mm이하 두께) 포함한 rock 구조

& **3** 다음 중 하나
- a. both 습윤시 명도 3이하, 건조시 5이하 수토색 & 습윤시 채도 3이하인 주토색
- or b. 탄산칼슘당량이 15-40% & 습윤시 명도, 채도 3이하인 2mm이하 입자
- or c. 탄산칼슘당량이 40% 이상 & 습윤시 명도 5이하인 2mm이하 입자

& **4** 염기포화도(NH_4OAc) 50% 이상

& **5**
- a. 습윤시 명도 4 or 5이면 2.5%이상의 유기탄소 함량
- or b. 몰릭표층이 C층보다 명도 1단위, 채도 2단위 낮으면 C층보다 0.6%초과의 유기탄소
- or c. 위의 2조건 만족 못하면 0.6% 이상의 유기탄소

& **6** epipedon의 최소 두께는 다음과 같음
- a. 다음과 같은 경우 25cm
  - 토성이 양질세사토 or 조립
  - 하부에 감식층위 없고, 깊어질수록 유기탄소가 불규칙하게 감소
  - 75cm이상에 다음 것 존재
    - (a) 2차탄산염, c, p, d, f의 상부경계
    - (b) a, c, n, o, or s 층위의 가장 깊은 하부경계
- or b. 토성이 LfS or 세립이고 d, l, p, p,d위면 10cm
- or c. 두께가 표면과 다음 사이의 1/3이상이면 18~25cm
  - 2차탄산염, c, p, d, f의 상부경계 and/or a, c, n, o, or s 층위의 가장 깊은 하부경계
- or d. 위의 조건들이 적용되지 않는다면 18cm

& **7** 만약 관개되지 않았다면, 지중 50cm온도가 5℃ 이상일때, 진단층위의 일부가 누적 90일 이상 습윤

& **8** n- value 0.7 미만

C, p, d, f : calcic horizon, petrocalcic horizon, duripan, or fragipan
A, c, n, o, s : argillic, cambic, natric, oxic, or spodic horizon
D, l, p, p, d : densic, lithic, or paralithic contact, a petrocalcic horizon, or a duripan

Umbric Epipedon

1 건조시
- either a. 직경이 30cm 이하인 structure units or 직경이 30cm 이하인 secondary structure
- or both b. rupture-resistance가 moderately hard or softer

& **2** 모든 부분 부피의 절반 미만에서 미세층(5mm이하 두께) 포함한 rock 구조

& **3** 다음 중 하나
- a. both 습윤시 명도 3이하, 건조시 5이하 수토색 & 습윤시 채도 3이하인 주토색
- or b. 탄산칼슘당량이 15-40% & 습윤시 명도, 채도 3이하인 2mm이하 입자
- or c. 탄산칼슘당량이 40% 이상 & 습윤시 명도 5이하인 2mm이하 입자

& **4** 염기포화도(NH_4OAc) 50% 이상

& **5**
- a. 습윤시 명도 4 or 5이면 2.5%이상의 유기탄소 함량
- or b. 몰릭표층이 C층보다 명도 1단위, 채도 2단위 낮으면 C층보다 0.6%초과의 유기탄소
- or c. 위의 2조건 만족 못하면 0.6% 이상의 유기탄소

& **6** epipedon의 최소 두께는 다음과 같음
- a. 다음과 같은 경우 25cm
  - 토성이 양질세사토 or 조립
  - 하부에 감식층위 없고, 깊어질수록 유기탄소가 불규칙하게 감소
  - 75cm이상에 다음 것 존재
    - (a) 2차탄산염, c, p, d, f의 상부경계
    - (b) a, c, n, o, or s 층위의 가장 깊은 하부경계
- or b. 토성이 LfS or 세립이고 d, l, p, p,d위면 10cm
- or c. 두께가 표면과 다음 사이의 1/3이상이면 18~25cm
  - 2차탄산염, c, p, d, f의 상부경계 and/or a, c, n, o, or s 층위의 가장 깊은 하부경계
- or d. 위의 조건들이 적용되지 않는다면 18cm

& **7** 만약 관개되지 않았다면, 지중 50cm온도가 5℃ 이상일때, 진단층위의 일부가 누적 90일 이상 습윤

& **8** n- value 0.7 미만

C, p, d, f : calcic horizon, petrocalcic horizon, duripan, or fragipan
A, c, n, o, s : argillic, cambic, natric, oxic, or spodic horizon
D, l, p, p, d : densic, lithic, or paralithic contact, a petrocalcic horizon, or a duripan

Melanic Epipedon

1

Either 토양표면의 30cm이내 Or Andic soil properties를 가지고 있는 유기층위의 상부 경계에서 30cm이내	→	둘 중 더 얕은 것

& **2**

전체 40cm 두께 내에 누적 30cm 두께 이상의 층을 가지며, 다음의 모두가 해당

a. 전체가 Andic soil properties 가짐

And

b. 습윤시 명도 2.5이하
and 채도 2 이하

And

c. melanic index 1.7 이하

And

d. 유기탄소 가중평균 6% 이상
and 모든 층에서 유기탄소 4% 이상

Plaggen Epipedon

1

지역적으로 들어올려진 지형의 토양에 존재.
and 다음 중 하나 이상 충족

a. 농업 비료(예. 생석회) 와 인간이 버린 쓰레기(e.g.알루미늄 캔) 이외의 인공물

or both

b. 30 cm 깊이 아래 삽자국

& **2** 반습시 명도 4이하, 건조시 명도 5이하. 채도 2이하

& **3** 유기 탄소의 함량이 0.6 % 이상

& **4** HTM 50cm 이상 두께

& **5** 토양이 관개되지 않은 경우,
50cm 깊이에서 5℃ 이상일 때 연중 누적90일 이상 epipedon의 일부가 젖어 있음

Ochric Epipedon

1

both Ochric Epipedon은 너무 얇거나 너무 건조하며 너무 높은 명도, 채도를 가짐
and 유기탄소함량이 너무 적고 높은 n-Value와 melanic 지수를 가짐
or 건조할때는 층위가 없고 단단함

따라서 7개의 Epipedon에 대한 정의를 충족하지 못함

& 2

either 대부분의 Ochric Epipedon은 반습상태에서 명도가 4이상이며 건조하면 6이상
or 채도가 4이상이거나 A층이나 Ap층은 낮은 명도와 채도 가짐
but mollic 또는 umbric epipedon로 인정하기에는 층이 너무 얇음
also Histic or Folistic Pedon의 조건을 충족하기에는 유기물을 포함하는 층의 두께가 너무 얇다

& 3

both Ochric Epipedon은 토양 표면 용탈층을 포함함
and 먼저 집적층이 바로 아래에 있음(argillic, kandic, natric, spodic)
and Ochric Epipedon은 모암구조를 가지고 있지 않음
and 미세하게 층상화된 새로운 퇴적물에 포함되지 않으며 Ap층 위로 직접적으로 집적물될 수 없음

Anthropic Epipedon

1 건조시 직경이 30cm 이하인 structural units

& 2 전체 부피의 $\frac{1}{3}$이 안되는 미세한 층위(두께 5mm 이하)를 포함하는 rock structure

& 3 인위적 지형이나 미세형태를 지닌 HAHT로 형성, either

a. HAHT로부터 유래되지 않은 층위,
그 층위가 암석구조, 뿌리제한층위, 암석학적 불연속면을 가지며 광산 또는 준설폐기물질이 위에 있음

or

b. 다음 중 하나 이상의 조건을 충족시켜야 함

(1) 농업 비료(예. 생석회) 와 인간이 버린 쓰레기(e.g. 알루미늄 캔) 이외의 인공물

or

(2) Midden material (음식물 쓰레기와 관련된 숯 생산물)

or

(3) Anthraquic 조건

& 4 적어도 다음 중 하나의 조건에 맞는 두께여야 함 either

a. 지표면의 25cm 내에 있을 경우 뿌리제한층위 위의 토양 두께

or

b. 25cm

& 5 N-value는 0.7 미만

3) 차표층 (Subsurface horizons)

Petrocalcic Horizon

1 규산 또는 다른 경화제의 유무에 관계없이, 탄산염에 의해 경화되는 집적층

& 2 측면 연속성 때문에 수평간격 10cm이상인 수직 균열을 따라서만 뿌리가 침투 가능

& 3 horizon의 두께

10cm 이상

or

기반함에 바로 존재하는 laminar cap으로 구성된 경우는 1cm 이상

Spodic Horizon

Spodic 층위는 85%이상의 spodic물질을 가지는 집적층

Spodic 층위는 O, A, Ap 또는 E 층위 아래의 층위

그러나 umbric 층위의 정의를 충족할 수도 있음.

Spodic 층위는 Ap 층위의 일부분이 아니고
2.5cm 이상의 두께에 85% 이상의 spodic 물질을 가져야 함.

Argillic Horizon

1

a. (1) argillic 층위가 coL, fiL, coSi, fiSi, (중)식질 or Loamy, Clayey의 토성(skeletal 포함)일 경우,
최소 7.5cm 두께 혹은 모든 위층 두께 합의 1/10 이상 중 더 큰 것

or

(2) argillic 층위가 사(력)질일 경우, 최소 15cm 두께

or

(3) argillic 층위가 lamellae로 구성된 경우, 0.5cm 이상 두께의 lamellae의 합이 15cm 이상

&

b. 최소한 다음과 같은 형태 중 하나에서 점토집적의 증거

(1) 점토가 모래입자를 bridging

or (2) 점토 피막이 공극 안에 존재

or (3) 토괴의 수직과 수평표면에 점토피막 존재

or (4) clay body 기원의 thin section에서 section의 1%이상

or (5) COLE이 0.04이상이고, 확연한 우기와 건기가 존재한다면
→ 집적층내 총 점토 중 중점토의 비율은 용탈층보다 1.2배 이상

& 2

If 용탈층이 남아있고, 용탈층과 집적층과 집적층위에 경작층이 없고 집적층과의 사이에 암석불연속층이 없다면
Then 집적층은 수직거리가 30cm이하인 용탈층보다 다음과 같이 더 많은 점토함량을 가짐

a. 용탈층의 점토함량 15%미만이면 argillic층은 최소 3%이상의 점토 함유(10:13)

or b. 용탈층의 점토함량이 15~40%이면 argillic층은 용탈층보다 최소 1.2배 이상 점토 함유

or c. 용탈층의 점토함량이 40%이상이면 argillic층은 최소 8%이상의 점토 함유(42:50)

Kandic Horizon

•d, l, p, p : densic, lithic, paralithic, or petroferric contact

1 조립질의 표층 아래 수직적으로 연속적인 심층, 표층 최소 두께는 18cm(혼합 후),
if kandic층위까지의 토성변이가 명확하고 표면에서 50cm 이내에 d, l, p, p가 없으면 5cm

&

2 Has it's upper boundary

a. 수직으로 15 cm 이내 깊이에 따라 점토함량이 증가

is either (1) 그 층위의 점토함량이 20% 미만이면, 위 층보다 4% 이상
or (2) 그 층위의 점토함량이 20~40% 이면, 위 층보다 20% 이상
or (3) 그 층위의 점토함량이 40% 이상이면, 위 층보다 8% 이상

and b. At a depth

(1) 상부 100cm의 토성이 coS, S, fiS, LcoS, LS, or LfiS이면 100cm에서 200cm사이
or (2) 바로 위 층의 점토함량이 20%이상이면 100cm이내
or (3) 모든 무기질토양 표층 125cm이내

&

3 Has a thickness of either

a. 30cm 이상

or

b. 무기질토양 표면에서 50cm이내에 d, l, p, p인접면이 있고
kandic 층위가 18cm와 인접면 사이에서 60%이상의 수직적 차이를 가지고 있다면 15cm이상

&

4 토성은 LvfiS or finer

&

5 점토증가가 있는 위치에서 either 100cm or d, l, p, p인접면 사이의 50%이상에서

&

점토 kg당 CEC(1N NH_4OAc pH 7) 16cmol이하, ECEC(1N NH_4OAc pH 7의 염기합 + 1N KCl추출 Al) 12이하

6 깊이가 증가할수록 유기탄소가 규칙적으로 감소, 미세 층화 없음, 미세 층화가 있거나 깊이가 증가할수록 유기탄소 함량이 불규칙적으로 감소하는 30cm이상 두께를 가지는 상부 층위가 없다.

Oxic Horizon

1 30cm 이상의 두께

&

2 사양토 또는 그 이상의 질감

&

3 0.05–0.2mm입자에서 10%미만의 풍화광물

&

4 sesquioxide로 코팅된 weatherable minerals의 암석질잔존광물이 아닐 경우, 부피의 5% 미만이 rock structure

&

5 상부경계로부터 15cm이상의 수직 거리내에서 깊이증가와 함께 점토 증가

a. 위 층위의 fine-earth fraction이 20% 미만의 점토일 때 fine-earth fraction에서 4%(절대적 기준)미만
or
b. 위 층위의 fine-earth fraction이 20~40% 점토일 때 fine-earth fraction에서 20%(상대적 기준)미만
or
c. 의 층위의 fine-earth fraction이 40%이상의 점토일 때 fine-earth fraction에서 8%(절대적 기준)미만

&

6 점토당 16cmol(+)이하/kg (1N NH4OAc pH 7 로)의 CEC 와 점토당 ECEC of 12 cmol(+)이하 (sum of bases extracted with 1N NH4OAc pH 7 + 1N KCl-extractable Al).

점토의 %는 피펫방법으로 측정하거나 3회 추정하여 [1500 kPa의 수분장력% - 유기탄소%] 둘 중 더 높은 값으로 한다. 그러나 100을 넘으면 안된다.

Cambic Horizon

15cm이상 두께의 변형된 층위, Lamella로 되어있으면 lamella전체 두께가 15cm 이상

1 토성은 극세사, 양질극세사 또는 더 세립

& 2

a. 토양 표면 50cm 이내 Aquic 조건 또는 인위적 배수

(1) 부피의 반 이상에서 미세층위(5mm이하 두께) 포함한 토양구조 또는 암석구조의 결여

and

(2) 공기중 노출에 색 변경 없음

and

(3) 습윤시 ped의 표면이나 기질내에서 우점하는 색은 다음과 같음

(a) 색상 없고 채도 0인, 명도 3이하 & 중성의 색

or (b) 명도 4이상, 채도 1이하

or (c) 명도, 채도 2이하이고 산화환원 결과 있음

or

b. (1) 아래층이나 위층보다 더 높은 채도, 더 높은 명도, 더 붉은 색상, 또는 더 높은 점토함량

or (2) 탄산염이나 석고 제거의 증거

& 3 anthropic, histic, folistic, melanic, mollic, plaggen, or umbric epipedon, a duripan or fragipan, or an argillic, calcic, gypsic, natric, oxic, petrocalcic, petrogypsic, placic, or spodic horizon에 대한 요구조건 만족안함

& 4 Ap층위가 아니며, 주 층위의 60%이상이 잘 부서지지 않음

Gypsic Horizon

1 두께15cm 이상

& 2 다른 경화 물질의 여부와 관계없이 석고로 인해 굳어지지 않음
석고 및 시멘트(석회)부분은 두께 5mm미만
측면에 불연속으로 생성되는 경우 뿌리가 10cm미만으로 침투가능

& 3 5% 이상(무게)의 석회
누적되거나 변형된 가시적인 이차적 석회질1% 이상(부피) 포함

& 4 150이상(무게 비율)의 석회질에 의해 두께(cm)가 결정되므로
1%이상(부피)이 가시적인 석회질일 경우, 5%가 석회질인 두께 30cm의 층

Petrogypsic Horizon

1 다른 시멘트 물질의 유무에 관계없이, 석고에 의해 시멘트 또는 경화된다

& 2 측방 연속성으로 인해 오직 수직 균열을 따라 수평 거리 10cm 이상 뿌리가 침투할 수 있다

& 3 5mm 이상의 두께

& 4 40% 이상(중량 기준) 석고

Salic Horizon

15cm 이상 이며 평년 90일 연속 이상

1 전기 전도도(EC)가 30 dS/m 이상
(포화반죽으로부터 추출한 액)

& 2 EC(dS/m) **X** 두께(cm) = 900 이상

Natric Horizon

1
(a) coarse loamy, fine-loamy, coarse-silty, fine silty, fine, very-fine or loamy sk or clayey sk이면 최소 7.5cm 두께 혹은 모든 위층 합계의 10분의 1 중 더 큰것
or (b) S or S. sk이면 최소 15cm 두께
or (c) 층위가 lamellae로 되어 있으면 0.5cm이상의 두께를 가진 lamellae의 합계가 15cm 이상

& 2
점토집적의 증거
(a) 모래 알갱이를 결합시키는 점토질
or (b) 점토 피막은 공극을 따라 lining
or (c) 점토 피막은 토괴의 표면에 수직면과 수평면에 모두 존재함
or (d) section의 1%이상이 점토질체로 된 thin section
or (e) 선형팽창계수가 0.04 이상, 뚜렷한 건기와 우기 -> 집적층의 fine/전체점토 비율은 용탈층보다 1.2배

& 3
용탈층이 남아 있고 집적층과의 사이에 암석 불연속면이 없고 집적층 바로 위에 경작층이 없다면 집적층은 용탈층보다 30cm 이내에 있는 용탈층보다 더 많은 점토를 함유
(a) 용탈층의 어느 부분에서 점토 15%미만이면 집적층은3%이상 함유
Or (b) 용탈층의 점토 15~40%이면 집적층의 점토는 1.2배
Or (c) 용탈층의 점토 40%이상이면 집적층은8%이상 함유

& 4
(a) 원주상 또는 각주상 구조
or (b) 코팅되지 않은 미사나 모래입자를 함유하고 층위내 2.5cm이상 인 괴상구조와 용탈물질

& 5
(a) 상부경계에서 40cm이내의 하나이상의 층위에서 ESP 15%이상(SAR 13이상)
or (b) 상부경계에서 40cm이내의 Ca+extractable acidity(pH 8.2) < Mg+Na
& 토양표면에서 200cm이내의 하나이상의 층위에서 ESP 15%이상(SAR 13이상)

Sombric Horizon

1
sombric horizon (F. sombre, dark)은 자유로운 배수상태에서 형성된 무기질토양의 차표층이다

& 2
spodic horizonc처럼 알루미늄으로 이루어져 있지도 않고 일반 natric horizon처럼 소듐에 의해 분산돼 있지도 않다

& 3
sombric horizon은 spodic horizon의 특징인 점토에서 높은 양이온 교환능력을 가지고 있지 않고 natric horizon의 높은 염기 포화도를 가지지 않는다.

& 4
albic horizon의 기반이 되지 않는다

& 5
강한 침출 때문에 염기포화도가 낮다(NH4OAc로 50% 미만)

& 6
overlying horizon보다 낮은 색상 값이나 채도, 또는 둘 모두를 가지고 있으며 일반적으로 더 많은 유기물을 포함한다

& 7
argillic, cambic 또는 oxic horizon에 형성되었을 수 있다
그것은 argillic, cambic 또는 oxic horizon에 형성되었을 수 있다.
peds가있는 경우, 어두운 색은 대부분의 peds의 표면에 확연하다.
sombric horizon은 필드에서 묻힌A horizon로 쉽게 오해된다.
lateral tracing하여 일부 묻힌 epipedons에서 그것을 구별 할 수 있다
sombric horizon의 유기물은 주층위 전체에 균등히 분산된 것보다 ped와 pore에서 더 집중적으로 나타난다.

Fragipan(이쇄반층)

1 15cm 이상의 두께

&2 층위내에서 혹은 최소한 구조 단위의 인접면에서 토양발달의 증거를 가짐

&3 등급과 관계없이 vco 각주상, 원주상, 또는 괴상 구조를 가짐.
크기와 관계없이 weak or massive
뿌리침투가 가능한 구조 단위 사이의 분리는 수평차원에서 10cm이상의 평균 간격

&4 물에 잠긴 경우, 5~10cm 직경의 자연 토양 구조의 풍건 부분이 층위 50% 이상에서 물을 흡수

&5 이 층위는 60%이상 부피에서 firm 이상의 파열 저항성.
포장용수량 근처에서 파괴되기 쉬운 형태, 사실상 뿌리는 없다.

&6 이 층위는 희석한 HCl에 거품이 일어나지 않는다

Duripan(난쇄반층)

부가적인 cementing agent가 있거나 없는 sillica 침탄층. Petrocalcic horizon 과 함께 존재할 수 있음.

모든 조건을 충족시켜야 함.

1 a. 일부 토양 층의 50% 이상이 고결화 또는 경화됨

&2 b. 다른 형태의 silica나 opal의 집적 증거를 나타냄. 이들은 laminar caps, coatings, lenses 등의 형태를 가지고 간극내에 모래크기의 입자 혹은 암석과 pararock 조각물들에 coating으로 채움

&3 c. 1N-HCl에 장기간의 침지후에도 50%(부피)미만이 풀어짐
강한 KOH나 NaOH, 또는 산과 알칼리의 교대반응에 50%이상 풀어짐

&4 측면의 연속성에 의해 10cm 이상의 수평 간격이 있는 수직 간극을 따라 뿌리가 pan을 통할 수 있음

Sulfuric Horizon

Sulfuric 층위는 15cm이상이고
다음의 경우 pH가 3.5이하 또는 4.0미만인 무기 또는 유기토양물질로 구성
산화조건시 황산을 생성하는 황화물 또는 기타 황 함유광물이 존재

1. 층위는 다음을 가짐
   a. jarosite, schwertmannite,
      또는 다른 철 and/or aluminum sulfate or hydroxysulfate 광물의 집적
   or
   b. 0.05%이상의 수용성 sulfate

or

2. 층위 바로 아래의 층은 sulfidic물질로 구성됨

4) Diagnostic soil Characteristics for mineral soils

Andic Soil Properties

1. 25% 미만 유기탄소(중량), 다음 one or both

2. a. 0.90 g/cm^3 이하의 33 kPa의 물 보유에 측정된 가비중
   &
   b. 인산보유능 85% 이상
   &
   c. Al + $\frac{1}{2}$ Fe 함량(by ammonium oxalate) 2% 이상

or

3. a. 2mm이하 입자 30%이상이 0.02-2mm
   &
   b. 25% 이상의 인산보유능
   &
   c. Al + $\frac{1}{2}$ Fe함량(by ammonium oxalate) 0.4% 이상
   &
   d. Volcanic glass 5% 이상
   &
   e. [(Al + $\frac{1}{2}$ Fe, %) X (15.625)] + [volcanic glass, %] = 36.25이상

Pumiceous

전체 토양에 60%이상(중량)의 volcanic ash, cinders, lapilli, pumice, pumicelike fragments

2mm이상의 부분에 2/3이상(부피)의 pumice and/or pumicelike fragments

Cindery

전체 토양에 60%이상(중량)의 volcanic ash, cinders, lapilli, pumice, pumicelike fragments

2mm이상의 부분에 2/3미만(부피)의 pumice and/or pumicelike fragments

Fragmental

전체 부피의 10%미만이 fine earth로 구성

화산암괴 : 32mm 이상
화산력 : 32-4mm
화산회 : 4- 1/16mm
화산진 : 1/16mm 미만

화산력 -> lapilli 응회암
화산회 -> 응회암(tuff)
무질서 -> 집괴암(agglomerate)

N-value

- Field조건에서 토양수분량과 (무기태 점토와 부식물)사이의 관계
- 토양이 가축에 의해 방목되어지든가 다른 하중을 지지할 수 있는지를 예측
- 배수 후에 발생하는 지반침하의 정도를 예측

n = (A−0.2R) / (L+3H)

A : Field조건에서의 토양수분함량 (건토 기준으로 계산)
R : 미사+모래(%)
L : 점토(%)
H : 유기물(%), 유기탄소 × 1.724

Petroferric contact

Petroferric(Gr. Petra, rock, and ferrum, iron: implying ironstone)

철이 중요한 견고제이고 유기물은 없거나
흔적만 존재하는 단단한 물질들의 경계

< lithic과 petroferric의 구별 >

1. perroferric 경계는 대략 수평적임
2. petroferric 경계의 아래의 물질은 많은 양의 철 함유(Fe2O3 30% 이상)
3. petroferric 경계아래의 sheet는 몇 cm에서 몇 m

Spodic Materials

Spodic 물질은 무기토양물질
Argillic이나 kandic특성을 가지지 않음
집적이고, 유기물-Al 복합체로 활성의 무정형 물질
철이 있거나 없거나 다음 둘 다를 가짐

1. pH(water 1:1) 5.9이하이고 유기탄소 0.6%이상

&

2. 다음의 one or both

a. 위의 albic 층위가 각 페돈의 50%이상 수평적으로 발달하고
albic층위 바로 밑의 색상과 습도가 다음과 같음
(1) 색상이 5YR보다 적색
or (2) 색상이 7.5YR, 명도가 5이하, 채도가 4이하
or (3) 색상이 10YR 또는 neutral, 명도와 채도가 2이하
or (4) 10YR 3/1

or

b. albic 층위가 있건 없건,
위에 언급한 색 또는 색상 7.5YR, 습윤시 명도 5이하, 채도 5 or 6(crushed)
and 다음의 형태적 or 화학적 특성의 하나 이상
(1) 각 페돈의 50% 이상에서 철이 있건없건 유기물과 Al에 의한 고결,
and 고결된 부분에서 파열저항성이 very firm 이상
(2) 모래입자에 10%이상의 금이 간 코팅
(3) Al + 1/2Fe 0.50이상이고 위의 umbric, ochric, albic 층위에서 절반이하
(4) ODOE값이 0.25이상이고 위의 umbric, ochric, albic 층위에서 절반이하

ODOE : optical density of oxalate extract

COLE : Coefficient of Linear Extensibility

선형팽창계수(COLE)는 토괴의 건조길이에 대한 습윤 길이와 건조길이 간 차이 비율

(Lm - Ld)/Ld
Lm : 33kPa 장력에서의 길이
Ld : 건조시 길이

COLE은 습윤상태와 건조상태일 때 토괴의 가비중 차이로 계산.

수축이 비가역적일 경우 COLE이 적용되지 않음

Lithological discontinuity

1. **Abrupt textural contacts** – 토양발달의 결과로 나타나는 점토의 변화뿐만 아님
2. **Contrasting sand size** – 모래입자의 유의성있는 변화
3. **Bedrock lithology vs. rock fragment lithology in the soil**
   – 토양내의 rock이 반드시 bedrock의 rock가 아님
4. **Stone lines** – 토양내 수직적인 순서에서 암편이 수평으로 존재시 암편위의 층위는 운반된 것이고,
   아래의 것은 다른 기원임
5. **Inverse distribution of rock fragments** – 암편의 산만한 분포,
   암편의 함량이 깊이증가에 따라 감소
6. **Rock fragment weathering rinds** – 암편함유 층위는 rind를 안 가지고 있고,
   그 위층은 가지고 있음
7. **Shape of rock fragment** – 각암편을 가지고 있는 층위에 비해 원암편을 가지고 있는 위층,
   아래층은 colluvial, 위층은 alluvial
8. **Soil color** – 토양발달의 과정이 아닌 색의 확연한 변화
9. **Micromorphological features** – 한 층에서의 광물의 크기와 모양이 현저한 차이를 보임

Albic Materials

채도 2 이하
And
Either 습윤시 명도 3, 건조시 명도 6이상
Or 습윤시 명도 4이상, 건조시 명도 5이상

or

채도 3 이하
And
Either 습윤시 명도 6이상
Or 건조시 명도 7이상

or

채도는 코팅되지 않은 미사나 모래입자의 색에 의해 조절되고
색상은 5YR보다 적색
명도는 Either 습윤시 명도 3, 건조시 명도 6이상
Or 습윤시 명도 4이상, 건조시 명도 5이상

Permafrost(영구동결층)

정 의: 연속적으로 2년이상 0℃미만으로 유지되는 조건

- cryopedogenic 과정을 유발하는 얼지않은 토양용액을 포함
- 얼음에 의해 포화되거나 간극수 부족시 건조될 가능성
- 얼어있는 층은 얼음렌즈, 간극의 얼음, 얼음결정, 얼음쐐기 등 가짐
- 영구동토층위는 환경과 동적 평형상태 유지

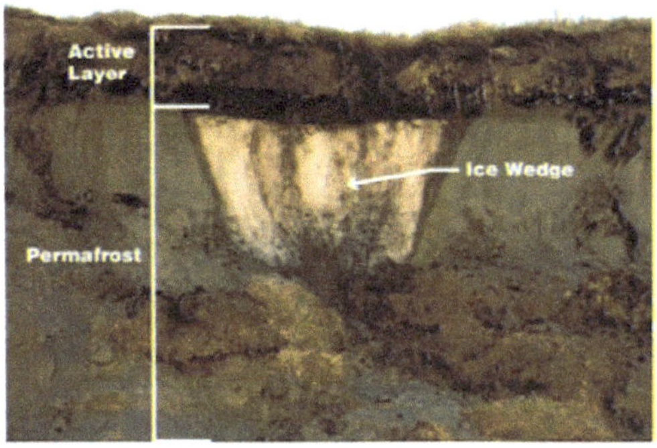

Soil Temperature Regime(토양온도상)

Gelic
지중 50cm or d, l, p 중 얕은 것에서 d, l, p: densic, lithic, paralithic contact
년평균온도 0℃이하(Gelic 아목과 Gelic대군), 1℃이하(Gelisols)

Cryic : 연평균온도 0-8℃, 그러나 영구동결층 없음

1. Mineral soils
   지중 50cm or d, l, p 중 얕은 것에서
   평균여름온도(북반구 6, 7, 8월, 남반구 12, 1, 2월)가
   a. 여름 일부 기간동안 물로 포화 안되었을 경우
      O층 없으면 0-15℃, O층 있으면 0-8℃
   b. 여름 일부 기간동안 물로 포화되었을 경우
      O층 없으면 0-13℃, O층 있거나 histic표층 있으면 0-6℃
2. Organic soils
   년평균온도 0-6℃

Frigid	연평균온도	0이상- 8℃미만, 여름과 겨울 차이 6℃이상
Isofrigid	연평균온도	0이상- 8℃미만
Mesic	연평균온도	8이상-15℃미만, 여름과 겨울 차이 6℃이상
Isomesic	연평균온도	8이상-15℃미만
Thermic	연평균온도	15이상-22℃미만, 여름과 겨울 차이 6℃이상
Isothermic	연평균온도	15이상-22℃미만
Hyperthermic	연평균온도	22℃이상, 여름과 겨울 차이 6℃이상
Isohyperthermic	연평균온도	22℃이상

Gelic materials(겔상물질)

정의: 동결교란(cryoturbation)

또는 활성층위(계절적 해빙층위)

또는 영구동토의 상부의 증거를 보여주는 유기 또는 무기물질

- cryoturbation은 불규칙하고 부서진 층위, 퇴행, 영구동토층 위와 내부의 유기물 축적 암석 파편, 실트가 풍부한 층에 의해 나타남
- 겔상물질의 특징적인 구조는 판상, 괴상, 입상의 거대구조를 가짐
- 얼음분리는 얼음렌즈, 간극의 얼음, 얼음결정, 얼음쐐기 등으로 나타남

Cryoturbation(동결교란작용)

- 페돈 내의 토양 매트릭스가 혼합되어 불규칙하거나 부서진 층위
- 퇴행, 영구 동토층 테이블에 유기 물질 축적, 암석 파편 및 암석 파편에 실트 캡을 초래

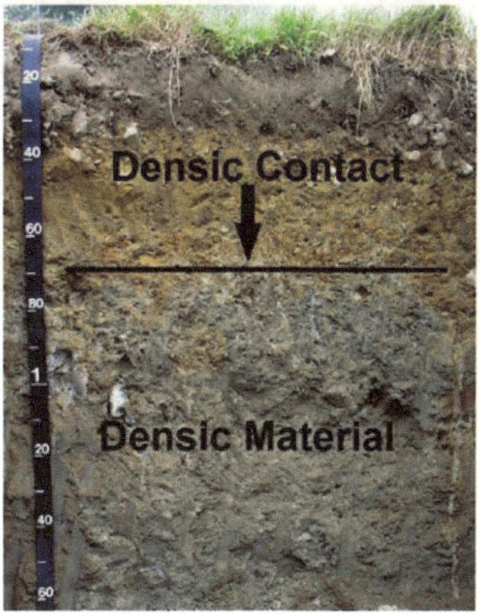

Densic contact

Densic(L. densus, thick)

Contact between soil and densic material

Densic material

Crack 이외 뿌리 침투 불가

고결화된 Paralithic과 lithic과 구별

Lithic contact

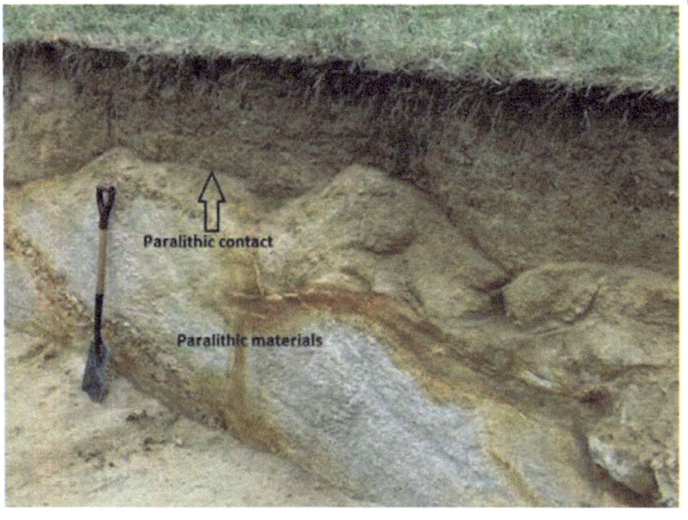

Paralithic contact

Paralithic materials

5. 토양 해설 (Interpretation)

1) 논토양 적성등급

구　분	1 급 지	2 급 지	3 급 지	4 급 지
1. 정　의	1) 논으로서 생산력이 높음. 2) 수도재배에 있어서 집약적 경영이 용이하며 토양을 관리하는데 제한을 받지 않음.	1) 논으로서 생산력이 보통임. 2) 수도재배에 있어서 집약적 경영이 가능하나 토양을 관리하는데 다소의 제한을 받음.	1) 논으로서 생산력이 낮음. 2) 수도재배지로서 심한 제한을 받고 있어 특수관리 및 재배기술을 필요로 함.	1) 논으로서 생산력이 매우 낮음. 2) 수도재배지로서 매우 심한 제한을 받고있어 경제적 이용이 어려울 경우가 있음.
2. 토양조건 ·토양배수	약간불량, 약간양호 (단, 지표에서 25cm이상이 회색화된 것에 한함)	약간양호, 약간불량, 불량	양호, 약간양호, 약간불량, 불량	양호, 약간양호, 약간불량, 불량
·토성	식질 식양질 미사식양질	식질 식양질 미사식양질	식질, 식양질 미사식양질 사양질 미사사양질	식질, 식양질, 미사식양질 사양질 미사사양질 사질(단, 배수 양호 및 매우양호인 사질은 제외됨)
·유효토심(cm) 암석층,경반층(Bx 층)	> 100	100 ~ 50	50 ~ 20	50 ~ 20
석력층,모래층	> 100	100 ~ 50	50 ~ 20	20 ~ 10
·표토의 석력 함량	없음 - 약간있음.	없음 - 약간있음	있음	많음
·염농도 (dS/m at 25℃)	< 4	4 ~ 8	8 ~ 16	> 16
·침식정도	없음 – 약간있음	없음 – 약간있음	있음	있음
·경사(%)	< 2	2 ~ 7	7 ~ 15	15 ~ 30

2) 콩 토양적성도

콩은 종합점수제에 의해 적지 구분

기준항목	토양요인			
	최적지	적지	가능지	저위생산지
○ 요인배점	20	15	10	5
○ 토　　성	사양질, 미사사양질	식양질, 미사식양질	식질	사질
○ 배수등급	양호	약간양호	매우양호	약간불량, 불량, 매우불량
○ 경　　사(%)	2-7	0-2	7-15	> 15
○ 유효토심(㎝)	> 100	50-100	20-50	< 20
○ 자갈함량(%)	< 10	10-35	-	> 35

※ 설정범위(점)	**> 85**	**80-84**	**70-79**	**< 69**
※ 제한요인	- 토지이용추천이 밭, 집약초지, 과수상전인 토양에 한하여 분석함 - 협곡침식과 토지이용추천이 산림, 간이초지인 곳은 기타지역으로 함 - 현토지이용이 묘지, 도시, 불모지, 인위토, 물인 곳은 기타지역으로 함			

Notes :

- 토양특성자료의 토양부호별 재배적지안에 따라 토양요인에 해당점수를 부여함.
- 작물별 해당하는 토양요인의 가중치를 토양부호별로 부여함
- 토양요인점수 설정범위에 따라 재배적지등급을 "최적지(>85)", "적지(80~84)", "가능지(70~79)", "저위생산지(<69)"로 등급화함.

3) 사과 토양적성도

사과는 종합점수제에 의해 적지 구분

기준항목	토양요인			
	최적지	적지	가능지	저위생산지
○ 요인배점	20	15	10	5
○ 지 형	하성평탄지, 선상지, 곡간지	홍적대지	구릉지, 산록경사지 용암류대지, 용식지	하해혼성평탄지, 산악지, 분석구
○ 경 사 (%)	0-7	7-15	15-30	> 30
○ 토 성	사양질, 미사사양질	식양질	미사식양질, 식질	사질
○ 배수등급	양호	매우양호	약간양호	약간불량, 불량, 매우불량
○ 유효토심(㎝)	> 100	50-100	20-50	< 20

※ 설정범위(점)	**> 85**	**80-84**	**70-79**	**< 69**
※ 제한요인	- 산악지 중 경사요소가 B,C,D인 그룹은 구릉지로 적용함 - 협곡침식과 토지이용추천이 산림, 간이초지인 곳은 기타지역으로 함 - 현토지이용이 묘지, 도시, 불모지, 인위토, 물인 곳은 기타지역으로 함			

Notes :

- 토양특성자료의 토양부호별 재배적지안에 따라 토양요인에 해당점수를 부여함.
- 작물별 해당하는 토양요인의 가중치를 토양부호별로 부여함
- 토양요인점수 설정범위에 따라 재배적지등급을 "최적지(>85)", "적지(80~84)", "가능지(70~79)", "저위생산지(<69)"로 등급화 함.

4) 골프장(Golf course suitability) 토양적성도

골프장의 건설과 유지에 있어서 각각 지형은 다르지만 주로 토양의 배수 조건에 의존함. 골프장과 잔디(코트)를 위한 표토의 적합성은 다음과 같은 표와 같이, 제한 등급에 의해서 지세의 10가지 특징들의 요소로 평가됨.

표토특성	제한등급		
	약간제한 (Slight)	보통제한 (Moderate)	심한제한 (Severe)
경사(%)	<8	8~15	>15
암반깊이(m)	>1.8	1~1.8	<1
토성	-	LcS, S	SiC,C,SC,cS
EC_{SE}(dS/m)	<4	4~8	>8
SAR[3]	-	-	>12
pH	-	-	<3.5
Available water(cm/cm)	>0.10	0.05~0.10	<0.05
7.5cm이상 자갈(%)	<25	25~50	>50
지하수위(m)	>1.5	0.65~1.5	<0.65
범람	None	Sometimes	Frequent

Notes :

EC_{SE} 와 SAR 데이터는 각 pit에서 pit card로 제공됨.

3) SAR : Sodium Adsorption Ratio

5) 탄소 저장 가능성 (Carbon storage potential)

탄소 저장 가능성에 대한 토양의 적합성은 아래 표와 같이 제한 등급에 의해서 지세의 9가지 특징들의 요소로 평가됨.

	제한등급		
인자	약간 제한 (Slight)	보통 제한 (Moderate)	심한 제한 (Severe)
경사	<5	5-15	>15
pH(상부 토양 20cm에서 자장 두꺼운 층위)	<5	5-7	>7
토성(상부 토양 20cm에서 자장 두꺼운 층위)	Org, C, SiC, SiCL	SC, CL, L, SiL, Si	S, LS, SL, SCL
습윤 등급	Class 4, 5	Class 3	Class 1, 2
피복	잡초, 늪지/습지	숲, 개량 잔디, 자연 잔디	경작, 물, 나지, 도시, 그 외
유효수분보유력	High	Moderate	Low or Very Low
자갈함양(상부 토양 20cm에서 자장 두꺼운 층위)	<15	15-35	>35
침식 가능성*	Very Low, Low	Medium	High, Very High

*판단하지 않음

※ 참고사항

1. 대회 장소

각 위치에서 단면을 노출시킨 구덩이(pit) 가 파져 있고 단면의 가운데에는 대회 관계자에 의해 층위의 깊이와 경계를 측정하는데 사용되는 공식적 단면 (**control section**)이 만들어져 있음. Control section은 테이프로 구분되고 단면의 중앙에는 줄자가 설치되어 있으며 참가자들이 쉬운 층위구분을 위해 표층에서 세 번째 층위의 중앙에 마크를 해 놓았음. 이 단면은 공식적인 것으로 참가자 및 누구라도 훼손, 교란하여서는 안되며 시료의 채취 또는 측정은 지정된 구역(control section 좌·우 등)에서만 행하여야 함. 각 pit(구덩이)의 우측에는 토양분류를 위한 최소한의 화학적, 물리적 데이터를 제공됨. 아울러 경사도 측정을 위해 각 단면 주변에 약 10m간격의 경사측정 막대와 경사도계가 설치되어 있음. 개인전 및 단체전 대회의 일정과 구덩이 "**time in and out**"은 참가 인원과 기상여건에 따라 코치들 회의에서 사전에 결정될 수 있음.
개인전과 단체전 진행은 아래 박스와 같음.

개인전

각 시험위치에서 단면의 측정, 지형관찰, 분류, 해설 등을 위해 주어지는 시간은 60분이고 참가자들은 각 위치별로 하나 또는 두 팀 중에 포함되어 개인번호를 받을 것임. 한 그룹은 다음의 순서를 따라 10분 in pit, 10분 out pit, 10분 in pit, 10분 out pit, 그리고 20분 전체 자유시간. 다른 팀은 in-and-out 스케줄을 반대로 따름. 위치를 바꾸어 참가 학생들은 in-and-out 스케줄을 전환 할 수 있음. 참가 학생들은 구덩이 안으로 들어가거나 이미 pit 안에 있는 사람들을 방해하지 않는 선에서, pit 밖에 있는 동안에 토양표면 층위로부터 시료를 채취할 수 있음. 개인전 참가 학생들은 그들의 득점표와 교대 스케줄을 확인하기 위해 각 학생별로 번호가 할당됨. 학생 교대와 pit in-and-out 시간을 위한 절차는 현장 사정으로 예상치 못한 어려움을 만났을 경우 변경될 수 있음.

단체전

두 장소 각 pit마다 60분이 개인전과 같이 10분씩 in-and-out으로 할당됨. 한 팀은 다음의 순서를 따라 10분 in pit, 10분 out pit, 10분 in pit, 10분 out pit, 그리고 20분 전체 자유시간. 다른 팀은 in-and-out 스케줄을 반대로 따름. in pit 시간에 각 팀의 팀원들은 in/out을 자유롭게 이동할 수 있으며 out pit 시간에는 모든 팀원이 구덩이 밖에서 조사를 수행해야 함. 위치를 바꾸어 참가 학생들은 in-and-out 스케줄을 전환 할 수 있음. 참가 학생들은 pit 안으로 들어가거나 이미 pit 안에 있는 사람들을 방해하지 않는 선에서, pit 밖에 있는 동안에 토양표면 층위로부터 시료를 채취할 수 있음. 팀번호는 등록 시 운영진에서 부여하며 팀원의 구성은 4명으로 제한(최소 3명).

2. 장비 및 활용 참고자료

아래의 장비를 지참해야 함.

물병	수건
시료담는 용기	물수건(공동)
계산기	모종삽

아래의 장비는 대회기간동안 제공되어 짐.

경사도계, 연필(샤프 및 샤프심), 지우개, 책받침
토성 감별용 토양시료 : 연습기간 1일전 제공

단체전과 개인전 참가자들은 자신의 'Munsell Soil Color Chart' 책들을 대회에 가지고 참석해야 하며, 국립농업과학원에 의해 제한된 수만 제공됨. 단체전과 개인전 참가자들은 자신이 원한다면 위의 목록에서 장비를 빌릴 수 있음. 위에 나열된 것 이외의 장비를 소지하거나 발견이 되면 그 선수는 실격 처리됨. 다음 참고 자료는 대회 기간 동안 허용됨.

① Handbook (국립농업과학원 제공)
② Key to relevant soil Orders and Suborders of Soil Taxonomy
③ Field Book for Describing and Sampling Soils (Ver. 3.0)

위에 나열된 것 이외의 장비를 소지하거나 발견된 모든 선수는 실격 처리됨.

3. 채점

1) 일반

모든 참가자들은 부록에 있는 표준 답안지를 사용할 것임. 이것은 5개의 부문으로 이루어져 있음. 답안지 안의 모든 칸들은 필요한 층위의 수에 따라 채점될 것임. 만약 답이 없는 경우라면, 참가자는 (–)를 입력해야 함. 빈 칸으로 남겨지면 오답으로 처리됨. 허용되어지는 약어들은 본문내에서 찾을 수 있음. 각 참가자들은 대회 기간 동안 매뉴얼을 받을 수 있음. 읽기 어려운 항목이나, 본문에 나와 있지 않은 약어는 틀린 것으로 간주될 것임. 코치로부터의 점수에 대한 의견은 받아들여지지만, 대회 관계자들에 의한 의견이 최종적임. 만약, pedon이 한 개 이상의 모재, 한 개 이상의 토양표면 아래의 진단층위를 가지게 되면, 각 답에 5점씩 부여됨(각각 틀린 답을 추가하였을 경우 답에 –5점씩 부여하고 최소점수는 0점). 한 개의 답을 요구하는 답안에서 2개 이상의 입력은 틀린 것으로 간주되어지며, 그 항목은 점수화되지 않음. 그리고 만약 모재가 잔적인데 잔적, 붕적, 홍적으로 표기하였다면 지나친 답에 의해 점수는 0점임. 누락 역시 어떠한 점수도 받을 수 없음. 모든 다른 상황에서, 점수는 답안지를 기준으로 채점함.

2) 수상

수상은 개인전, 단체전 모두 Pit 심사의 총 점수가 가장 높은 4명과 4팀이 수상함.

편 집 인 : 농업환경부장 김경미
토양비료과장 고병구

자료집필 : 토양비료과 손연규, 고우리, 서병환, 조송래, 이단비, 현병근
구례군농업기술센터 박현수

기초 토양조사 매뉴얼

초판 인쇄 2023년 01월 27일
초판 발행 2023년 02월 01일

저 자 농촌진흥청 국립농업과학원
발행인 김갑용

발행처 진한엠앤비
주소 서울시 서대문구 독립문로 14길 66 205호(냉천동 260)
전화 02) 364 - 8491(대) / 팩스 02) 319 - 3537
홈페이지주소 http://www.jinhanbook.co.kr
등록번호 제25100-2016-000019호 (등록일자 : 1993년 05월 25일)

ISBN 979-11-290-4568-3 (93520) [정가 10,000원]